西门子 S7-200 SMART PLC
编程技巧精粹

——给 SMART 插上 FB 翅膀

王前厚 编著

机械工业出版社

本书是一本帮助 PLC 工程师提高 PLC 编程技能的工具书。以西门子 S7-200 SMART 为例，分析讲解了 PLC 的底层资源和应用原理，对编程中经常遇到的循环、符号寻址、指针、字符串、数据表和用户库等应用，均做了模块化编程方法的演示，分析和讲解了在 PLC 中全局变量 M、定时器 T 和上升沿的使用禁忌以及自定义模块化实现的方法，最终带领读者实现了在小型 PLC 中实现了只有大中型 PLC 才有的具有静态变量记忆功能的 FB 功能，即本书副书名"给 SMART 插上 FB 翅膀"所言，使得在 SMART 中实现模块化编程和标准化编程成为可能。

本书适合初步掌握 S7-200 SMART PLC 入门技能的工程师、高校从事 PLC 教学的教师以及有兴趣学习烟台方法的读者阅读。

图书在版编目（CIP）数据

西门子 S7-200 SMART PLC 编程技巧精粹：给 SMART 插上 FB 翅膀 / 王前厚编著 .—北京：机械工业出版社，2024.4（2024.12 重印）

ISBN 978-7-111-75574-6

Ⅰ . ①西…　Ⅱ . ①王…　Ⅲ . ① PLC 技术 – 程序设计　Ⅳ . ① TM571.61

中国国家版本馆 CIP 数据核字（2024）第 072325 号

机械工业出版社（北京市百万庄大街 22 号　邮政编码 100037）
策划编辑：杨　琼　　　　　　责任编辑：杨　琼　翟天睿
责任校对：王小童　张　薇　　封面设计：鞠　杨
责任印制：刘　媛
北京中科印刷有限公司印刷
2024 年 12 月第 1 版第 2 次印刷
169mm×239mm · 11.75 印张 · 225 千字
标准书号：ISBN 978-7-111-75574-6
定价：69.00 元

电话服务　　　　　　　　　网络服务
客服电话：010-88361066　　机　工　官　网：www.cmpbook.com
　　　　　010-88379833　　机　工　官　博：weibo.com/cmp1952
　　　　　010-68326294　　金　书　网：www.golden-book.com
封底无防伪标均为盗版　　　机工教育服务网：www.cmpedu.com

2018 年，我完成了第一个实现标准化编程方法的工程项目，项目是用西门子 S7-1500 PLC 实现的。项目完成后总结经验，认为这是一种全新的 PLC 编程方法，可以通用于所有 PLC 品牌和产品，给这套方法命名为 PLC 标准化编程烟台方法。

S7-1500 PLC 标准化项目中的所有控制逻辑都是模块化的，全都可以进行模块化复制使用，效率得到了极大提高。SMART PLC 的项目要想按照烟台方法的原理架构实现，难度比在 S7-1500 PLC 中实现的难度要大得多。主要原因是 SMART PLC 的软件不支持 FB，而标准化编程烟台方法的核心是面向对象，其实现的核心是 FB 将每一个设备类型设计为一个 FB，而 PLC 中 FB 每调用一次，即代表一个设备实例，FB 充当了面向对象方法中类的角色。

软件中原生不支持 FB，需要通过编程方法实现 FB 的功能。然而，又不可以为此而额外地耗费系统资源，导致系统的可用性降低。在花费了比平时项目多 4 ～ 5 倍的软件设计编程时间和更多的首次调试时间之后，终于成功地在 SMART PLC 环境中实现了标准化编程。原本每个项目需要一名工程师在现场用近 2 周的时间编程、调试，当多个项目同时施工时，需要至少 5 名工程师在各个工地轮流查看并进行现场编程、调试。然而，使用新的设计架构实现的程序，最终只需 1 名工程师指导着几名电工就轻松搞定了。开始时，工程师还需要在工地现场调试程序 2 ～ 3 天，到后来几乎不需要再去工地现场调试了，设备发出的程序基本正确，现场只需电工完成对点，设备即可启动运行。甚至，有一些项目程序都是电工做的，因为都是模块式简单的调用，不再需要逻辑调试。

后来，将上述两套的设计资料分别作为 S7-1500 PLC 和 SMART 200 的标准化学习范本，出售给网友，网友学习之后在自己行业的设备中实现了其设备的标准化设计。之后，我以 S7-1500 PLC 的实现方法为蓝本，编写了《PLC 标准化编程原理与方法》一书并于 2022 年 4 月出版。该书不仅给广大读者提供了学习标准化设计的方法外，还是烟台方法 S7-1500 PLC 学习营的学员们同步对照学习范例工程的参考书，这本书受到读者的欢迎，很快就重印了。后来不断有人来咨询并建议能否写一本关于 SMART PLC 标准化的书，我认为由于实现过程太复杂，一本书很难能说清楚，可以先将如何在 SMART 中实现 FB 功能的方法介绍给读者，于是就有了这本关于如何在 SMART PLC 中实现 FB 功能的方法——《西门子 S7-1200 SMART PLC 编程技巧精粹——给 SMART 插上 FB 翅膀》。

作　者
2024 年 2 月

目 录

第 1 章

读者需要提前具备的基础知识

　　本书作为一本不是从入门基础开始讲解 S7-200 SMART 编程知识的书，有必要提醒读者，在阅读本书之前，请先购买并完整阅读一本入门书籍。

　　其应该包含的内容，如以下目录的内容所示。这里是摘录了一本类似书籍的目录，只要有相似章节的都可以，本书中提及时，称之为"参考书"。

　　这里带着读者们先快速地浏览一遍"参考书"的目录章节，复习一下学习过的内容，了解已经具备的基础技能。

这些内容全部都是基础知识，作为入门新手应全部掌握。然而，这些知识对所有的人也不是一次全能掌握的，比如 PID、高速计数等一些工艺相关的特殊知识技能，可以在工程项目用到的时候再去掌握，而在未用到之前，可以暂时跳过，直接阅读本书。本书的主要目的是帮助读者提高 PLC 软件编程的技能。

读者在阅读本书的同时，建议手头应备有一台 S7-200 SMART 的 CPU，可以只有 CPU 本体。最好是 SR 类型 AC 220V 供电的机型，因为只需要接入 220V 供电就可以开始学习了。

学习用的计算机，性能要求不高，一台 10 年内的计算机便可以胜任。比如内存 4G 以上，CPU 不限。软件的获取和安装步骤，请参照"参考书"中的相关步骤。

本书所有的章节都是与操作性高度相关的知识，建议读者阅读的同时根据书中节奏同步操作实践，以加深理解。如果不同步操作而只是随便翻翻，有可能不能理解书中所讲的核心内容，而错过了重要内容，以至于影响后续章节的理解和应用。

本书所提及的例程，均为作者在撰写本书的同时编写并测试通过，但本书不提供配套例程。读者通过学习本书，重点是掌握其中的思想和技能，而不仅仅是获得一套现成的代码。书中的代码也不能保证完全正确无误，读者必须自行验证是否正确，代码的错误以及带来的风险由读者自己承担。

第 2 章

从子程序开始

让我们从子程序开始本书的历程。

子程序在 S7–200 SMART PLC 中称为 SBR，是英文 SUBROUTINE 的简写。本章的目的是为了深入了解 SBR 的各种细节和资源，因为本书中讲述的大部分内容和功能都将在 SBR 中展开实现，本书的终极目标是让 SBR 实现大型 PLC 中所拥有 FB 的性能，即拥有静态变量功能并可以被重复调用。

对 SBR 的使用有两种，一种是带有参数接口，用于实现特定的功能，这样的 SBR 将会被多次调用，用于控制系统内相同控制任务的重复实现，本书称之为功能块 SBR；另一种是不带有参数接口，用于对系统的控制内容模块化划分，最终被 MAIN（OB1）主程序调用，本书称之为骨架型 SBR。如书中每次演示新建立项目时自动建立的 SBR0 就用来作为骨架型 SBR。

2.1　SBR 引脚数量的容量

新建一个项目并在项目中新增一个 SBR_1，给 SBR_1 添加两个引脚 IN1 和 IN2，数据类型为 BOOL，如图 2-1 所示。

选中这个 SBR_1，右键中选择导出，生成一个 AWL 文件，用记事本打开，复制其中的 IN1 和 IN2 的数据行到 EXCEL 中，然后用拖拽的方式生成 16 行，再复制回 AWL 文件中，如图 2-2 所示。

在 OB1 中调用 SBR0，然后调用 SBR1，输入引脚随意均输入了 I0.0，如图 2-3 所示。

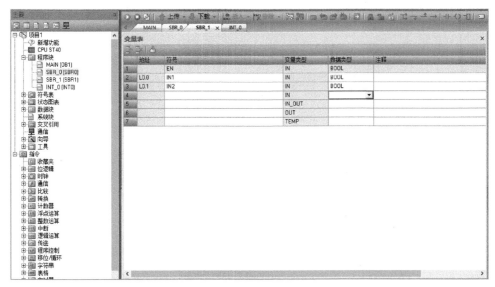

图 2-1　第一个 SBR

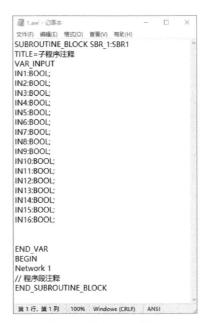

图 2-2　导出 AWL 文件

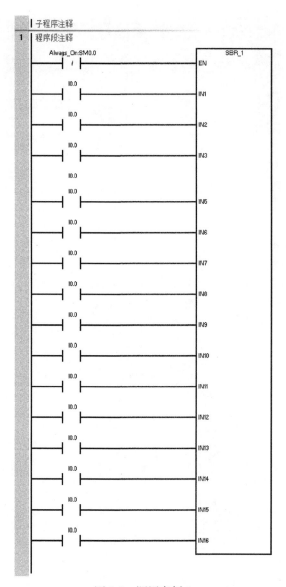

图 2-3 调用实例 1

程序编译成功。

然后增加第 17 个引脚 IN17，同样梯形图调用，绘图可以成功。然而在编译时报错，如图 2-4 所示。

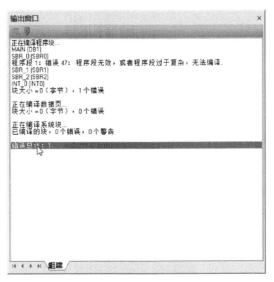

图 2-4　编译错误

　　程序段过于复杂，无法编译。所以说明在梯形图下，IN 引脚最多只能 16 个 BOOL。

　　而同样修改 AWL 文件中内容，将数据类型从 BOOL 改为 DWORD 后，再次导入程序并调用，如图 2-5 所示。

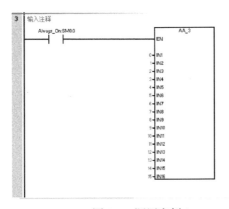

图 2-5　调用实例 2

　　仍然可以编译成功，说明 IN 引脚限制的上限只是数量，而非数据长度（数据长度限制导致的问题在后面章节会发现）。而在数据类型更改之后，骨架 SBR 中调用部分出错，提示如图 2-6 所示。

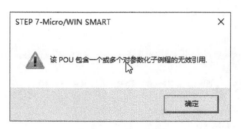

图 2-6 无效引用

这是长久以来 S7-200 SMART PLC 系统存在的一个最大的顽疾，SBR 被调用后，接口不可以修改。只要修改，所有调用实例必须删除后重新调用，而做不到像 TIA PORTAL 等软件里面可以选择更新命令，给出一个大致正确的更新调用结果。

这给大量使用子程序进行模块化编程带来了相当大的麻烦。

2.2 SBR 接口改变应对方案

若不想删除辛辛苦苦写好的子程序调用程序，省去从头完全调用程序块输入所有参数信息的麻烦，有以下两种解决方法。

1）将整个程序的编程语言视图由 LAD 切换为 STL，原调用部分的程序从梯形图切换为文字格式，如图 2-7 和图 2-8 所示，分别对应上述梯形图转换后的文本调用。

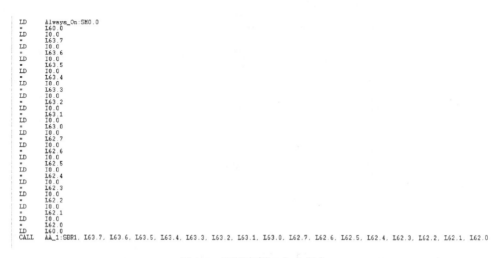

图 2-7 调用实例 1 文本指令

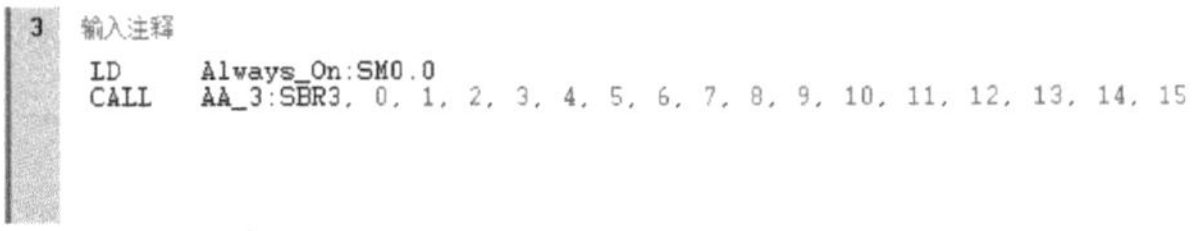

图 2-8　调用实例 2 文本指令

把这些文本剪切出来，移到注释行中，或者存放到单独的文本文件中。然后在系统中 SBR 没有被使用的情况下可以修改 SBR，比如给后一个 SBR3 增加一个 INT 类型的 OUT 输出引脚，如图 2-9 所示。

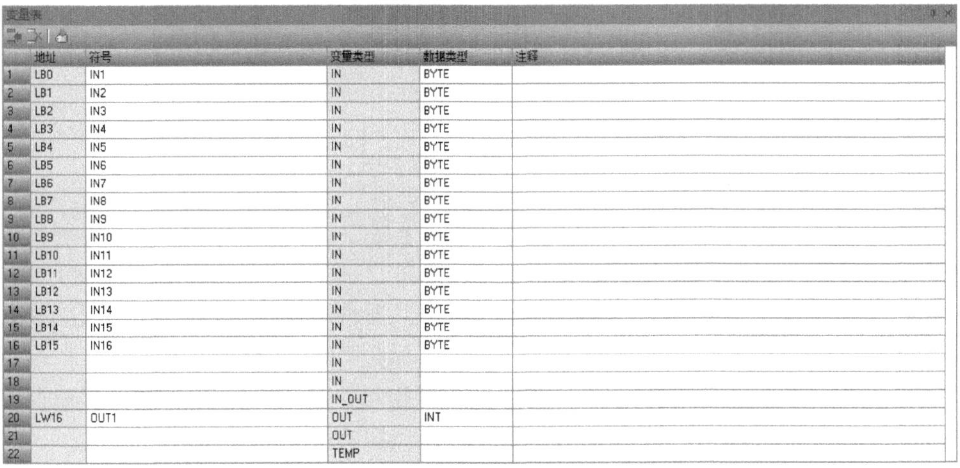
变量表

	地址	符号	变量类型	数据类型	注释
1	LB0	IN1	IN	BYTE	
2	LB1	IN2	IN	BYTE	
3	LB2	IN3	IN	BYTE	
4	LB3	IN4	IN	BYTE	
5	LB4	IN5	IN	BYTE	
6	LB5	IN6	IN	BYTE	
7	LB6	IN7	IN	BYTE	
8	LB7	IN8	IN	BYTE	
9	LB8	IN9	IN	BYTE	
10	LB9	IN10	IN	BYTE	
11	LB10	IN11	IN	BYTE	
12	LB11	IN12	IN	BYTE	
13	LB12	IN13	IN	BYTE	
14	LB13	IN14	IN	BYTE	
15	LB14	IN15	IN	BYTE	
16	LB15	IN16	IN	BYTE	
17			IN		
18			IN		
19			IN_OUT		
20	LW16	OUT1	OUT	INT	
21			OUT		
22			TEMP		

图 2-9　增加 OUT

修改调用指令，后面增加 OUT1 部分的参数，比如输出到 AC0，则变为

```
LD      Always_On：SM0.0
CALL    AA_5：SBR5，0，1，2，3，4，5，6，7，8，9，10，11，12，13，14，15，AC0
```

编程语言再切换回到 LAD 就可以正常显示了，如图 2-10 所示。

这种方法只适用于 SBR 调用实例比较少的情况。

然而这里的举例只是演示软件操作方面的应用，增加了一个 OUT 引脚后，实际上引脚的总数量为 17 个，程序编译虽然会成功，但下载到实物 PLC 中会报错，这一点将在后面的章节详细介绍。

2）在确保程序整体编译正确无错误的前提下，利用导出和导入功能，将包含有调用功能块 SBR 的骨架型 SBR 导出到 AWL，在记事本中打开修改，正确后再导入回到程序中。参考前节的导入、导出方法。

这种方法适用于 SBR 调用实例比较多的情况。必要情况下，可以找到规律，对文本进行整体查找和替换，快速实现程序逻辑修改后的调用更新。

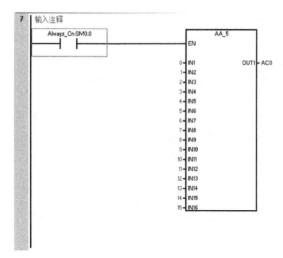

图 2-10　切换 LAD 视图

所以这也要求对同一个 SBR 的调用实例化尽量在同一个子程序中实现，这样当功能修改时，调用部分更新方便。

同时也要注意，在修改 SBR 的接口之前，要先做好调用部分的导出工作，不要在接口修改完成后才发现调用部分出错，导致导出功能无法执行。

不管使用上述的哪种方法，在进行涉及模块接口的重大修改之前，都建议对程序文件做好保存备份，可以压缩备份，也可以另存文件名生成新的版本。

2.3　IN_OUT 引脚类型探索

图 2-3 所示的调用实例 1 调用的 LAD 图形中，每一个 INPUT 前面都接一个开关点，显得比较复杂，如果输入参数不包含逻辑，而仅仅是开关量的数值，那么如图 2-5 所示的调用实例 2 中 byte 数据类似的显示会比较清爽。

在 S7-200 SMART PLC 编程软件中，要实现这种模式的方法是把这些 BOOL 类型的 IN 引脚，改为 IN_OUT 类型。同样导出后编辑修改再导入调用，结果如图 2-11 所示。

这样看起来就比较清爽了。对于 IN_OUT 引脚，如果程序块内部只对这个引脚的数据做了读操作，而没有进行写操作，那么功能就和

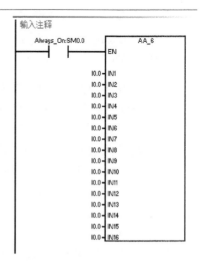

图 2-11　所有 IN 引脚改为 IN_OUT

IN 引脚完全相同。完全可以使用 IN_OUT 引脚当作 IN 引脚使用。OUT 引脚也是一样的道理，所以 IN_OUT 引脚也可以作为 OUT 引脚，可以用 IN_OUT 实现所有的输入和输出的数据类型。

然而 IN_OUT 与 IN 引脚也有一些细节不同，不同之处在于当 SBR 被调用时，所赋值的实参不可以为常量，否则会报错。BOOL 型的常量包括 SM 系统变量，如常用的 SM0.0、SM0.1 等，而数值型的常量有 SMW22 以及 0、1 等数值。在 BOOL 类型之外的其他类型，如果有输入常量数值的情形，那么也都不可以用 IN_OUT，而只能使用 IN。

而如果 SBR 接口已经固定，或者同一个 SBR 程序块的 IN_OUT 引脚需要为其复制常量，则可以在调用之前先赋值到一个变量中，再将这个变量作为实参绑定到 SBR 的 IN_OUT 引脚，如图 2-12 所示。

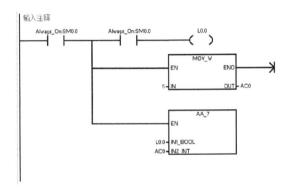

图 2-12　常量赋值 IN_OUT

这里实现了分别将 BOOL 常量 1 和数值常量 5 赋值到 IN_OUT 引脚的调用，只是为了语法不出现错误。

其中，BOOL 变量使用了参与调用的 SBR 的内部 TEMP 变量 L0.0，而数值类型使用了寄存器 AC0。

骨架 SBR 块通常没有输入 / 输出接口，然而其内部变量也全都可以用。这里的变量应为当场赋值当场使用，而且使用后即丢弃不再关心，所以不需要起符号名，理解阅读程序也很容易。

数值类型使用了寄存器 AC0 也是一样的道理，S7-200 SMART PLC 中有 AC0、AC1、AC2、AC3 四个全局的寄存器，由于其不需要符号名，也不需要指定数据类型，所以除了 BOOL 类型之外的所有数据类型都可以直接使用，反而更加方便。也同样因为当场赋值当场使用，使用之后即丢弃，所以程序的可阅读性会比较强，强烈建议读者学会并习惯使用之。本书后续章节会有专门介绍。

2.4 所有 IN 和 OUT 引脚数量的上限

既然 IN_OUT 可以通用于 IN、IN_OUT 和 OUT 的所有数据类型，那么不妨将一个 SBR 的引脚全都建立为 IN_OUT，然后探索其上限容量，如图 2-13 所示。

同样在 AWL 中生成更多的引脚之后，导入程序中。

	地址	符号	变量类型	数据类型	注释
2			IN		
3	L0.0	IN1	IN_OUT	BOOL	
4	L0.1	IN2	IN_OUT	BOOL	
5	L0.2	IN3	IN_OUT	BOOL	
6	L0.3	IN4	IN_OUT	BOOL	
7	L0.4	IN5	IN_OUT	BOOL	
8	L0.5	IN6	IN_OUT	BOOL	
9	L0.6	IN7	IN_OUT	BOOL	
10	L0.7	IN8	IN_OUT	BOOL	
11	L1.0	IN9	IN_OUT	BOOL	
12	L1.1	IN10	IN_OUT	BOOL	
13	L1.2	IN11	IN_OUT	BOOL	
14	L1.3	IN12	IN_OUT	BOOL	
15	L1.4	IN13	IN_OUT	BOOL	
16	L1.5	IN14	IN_OUT	BOOL	
17	L1.6	IN15	IN_OUT	BOOL	
18	L1.7	IN16	IN_OUT	BOOL	
19	L2.0	IN17	IN_OUT	BOOL	
20	L2.1	IN18	IN_OUT	BOOL	
21	L2.2	IN19	IN_OUT	BOOL	
22	L2.3	IN20	IN_OUT	BOOL	
23	L2.4	IN21	IN_OUT	BOOL	
24	L2.5	IN22	IN_OUT	BOOL	
25		IN23	IN_OUT	BOOL	
26		IN24	IN_OUT	BOOL	
27		IN25	IN_OUT	BOOL	
28		IN26	IN_OUT	BOOL	

图 2-13 IN_OUT 数据

可以发现，被程序认可的变量数量只有 22 个，而之后的变量带了下划波浪线，提示错误。并且前 22 个引脚被分配了 L0.0 ～ L2.5 的临时区域的地址，而后面错误的变量没有得到地址分配。

然而，尽管编译成功，但当需要把包含这个程序块的程序下载到 PLC 时，仍然会报错误，导致下载不成功，如图 2-14 所示。

逐个缩减变量数量，直到 16 个以内后，才可以正常下载。

所以看出来有一台实物的硬件 PLC 有多重要，因为很多问题只在软件上面操作演示是不足以发现的。有可能在编程设计中以为很正确的程序功能，到了实物现场后才会发现原理性错误。

实际上在软件帮助手册中，也明确提到了子程序引脚数量总数限制为 16。然而每个人未必都能从头到尾研读手册中的所有细节，读到了也未必会重视，所以还是有实物的操作以及借鉴前人的经验更重要。

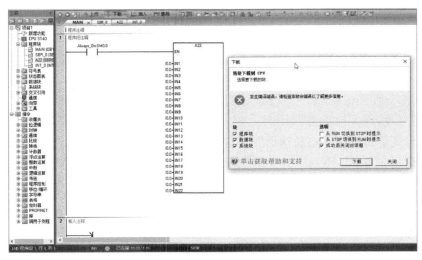

图 2-14 下载时的编译错误

2.5 SBR 的 TEMP 数据区

在每一个 SBR 中，都开辟有 TEMP 数据区，可以在其中建立变量，变量类型即为 TEMP。然而如前面章节中看到的，所建立的 IN_OUT 等数据引脚，系统已经给分配了 TEMP 数据地址。而新建立的 TEMP 变量，地址会接续在其后。

将图 2-13 所示 IN_OUT 数据的数据类型改为 DWORD，重新生成 SBR，如图 2-15 所示。

地址	符号	变量类型	数据类型	注释
	EN	IN	BOOL	
		IN		
LD0	IN1	IN_OUT	DWORD	
LD4	IN2	IN_OUT	DWORD	
LD8	IN3	IN_OUT	DWORD	
LD12	IN4	IN_OUT	DWORD	
LD16	IN5	IN_OUT	DWORD	
LD20	IN6	IN_OUT	DWORD	
LD24	IN7	IN_OUT	DWORD	
LD28	IN8	IN_OUT	DWORD	
LD32	IN9	IN_OUT	DWORD	
LD36	IN10	IN_OUT	DWORD	
LD40	IN11	IN_OUT	DWORD	
LD44	IN12	IN_OUT	DWORD	
LD48	IN13	IN_OUT	DWORD	
LD52	IN14	IN_OUT	DWORD	
LD56	IN15	IN_OUT	DWORD	
	IN16	IN_OUT	DWORD	
	IN17	IN_OUT	DWORD	
	IN18	IN_OUT	DWORD	
	IN19	IN_OUT	DWORD	
	IN20	IN_OUT	DWORD	
	IN21	IN_OUT	DWORD	
	IN22	IN_OUT	DWORD	
	IN23	IN_OUT	DWORD	
	IN24	IN_OUT	DWORD	
	IN25	IN_OUT	DWORD	

图 2-15 IN_OUT DWORD × 15

发现正确的变量只有 15 个了，而其后的全部错误，系统拒绝为它们分配地址。

最后一个变量 IN15 分配的地址 LD56，代表了 LB56、LB57、LB58、LB59 共 4 个字节。即说明整个 SBR 的可用 TEMP 空间只有 LB0 ~ LB59，共 60 个字节。

60 这个数字很奇怪，不符合计算机原理中的数制规律。但细心的读者从图 2-7 中会发现，梯形图调用时分配了 L60.0，L63.7 等的内部变量。说明系统把这部分变量预留给了绘制梯形图使用，但这是一条对读者暂时无用的信息。

将这里的 15 个 IN_OUT 变量删除一部分后，可以建立 TEMP 变量，然而发现所能建立的 TEMP 变量数量是有限的，总的规模控制在 60byte 以内，如图 2-16 所示。

	地址	符号		变量类型	数据类型	注释
1		EN		IN	BOOL	
2				IN		
3	LD0	IN1		IN_OUT	DWORD	
4	LD4	IN2		IN_OUT	DWORD	
5	LD8	IN3		IN_OUT	DWORD	
6	LD12	IN4		IN_OUT	DWORD	
7	LD16	IN5		IN_OUT	DWORD	
8	LD20	IN6		IN_OUT	DWORD	
9	LD24	IN7		IN_OUT	DWORD	
10	LD29	IN8		IN_OUT	DWORD	
11	LD32	IN9		IN_OUT	DWORD	
12	LD36	IN10		IN_OUT	DWORD	
13	LD40	IN11		IN_OUT	DWORD	
14	LD44	IN12		IN_OUT	DWORD	
15	LD48	IN13		IN_OUT	DWORD	
16				OUT		
17	LD52	IN14		TEMP	DWORD	
18	LD56	IN15		TEMP	DWORD	
19		IN16		TEMP	BOOL	
20				TEMP		

图 2-16　TEMP 数据区总量

S7-200 SMART PLC 的 SBR 的这种共享 TEMP 数据区的模式在遇到一些复杂工艺要求的情况下，会导致资源耗尽而不足以完成计算功能的情况，比如配方、PID 等大量需要字符和浮点数的场合。后文中我们会在相关探讨时给出解决的思路方法。

本章及本书中对 SMART PLC 资源的探索所得到的数据值，仅限于成稿时通行的软件和固件 V2.7 版本。不包含未来西门子对系统升级后的新版本。新版本的资源有可能会扩大，带来更多的便捷性。但本章中的探索方法仍然是有意义的，乃至对其他品牌的小型 PLC 都有借鉴的意义。关于 TEMP 数据的特性，多个 SBR 调用之间 TEMP 数据的关系将在第 3 章中有专门的讨论。

第 3 章

TEMP 数据探秘

关于 TEMP 数据，通常给初学者的建议是在每一个程序块中要使用 TEMP 数据时都要确保做到先写后读，即只将本周期运算的临时结果送到 TEMP，并只在本周期读取使用。绝不跨周期使用前面周期生成的数据值，因为有可能数据不确定，带来程序不可控。在没有掌握 TEMP 数据的规律情况下，做到严密谨慎是有必要的。本章将帮助大家逐步摸清 TEMP 数据区的规律，摸清规律后，可用作为一种知识技能储备，可以在有的放矢的情况下，实现一些特殊的功能。

这里讲到的 TEMP 全部是数据类型为 TEMP 的临时变量，而不包含模块引脚上的数据。因为对于 IN 和 IN_OUT 数据，SBR 在调用进入时，第一步就是将所挂接的实参的数值读取到 TEMP 数据区中，所以不存在不可控的不确定性。

首先，带大家发现一个错误使用 TEMP 的程序。

3.1 错误使用 TEMP 变量的程序例子

从头新建一个程序，建立 SBR1，做一个 INT 数值的递增累加计算如图 3-1 所示。

在骨架 SBR0 中完成调用，且不要忘记在 OB1 主程序中调用骨架 SBR0，如图 3-2 所示。运行并监控之后，看到数值在不断叠加滚动起来了。

到这里程序看起来貌似正确的。然而如果将 SBR1 复制另存到 SBR2，并将其中的代码部分删除，同时调用两个 SBR，同时监控，那么可以发现，SBR2 中虽然对 QUT 数据没有操作，但它继承了 SBR1 中的计算结果，而且保持数据完全一致，如图 3-3 所示。

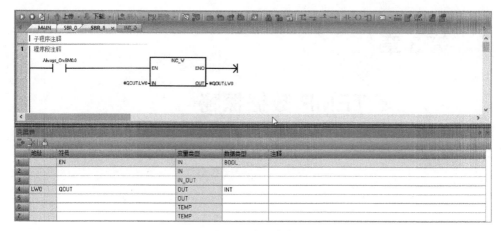

图 3-1　错误举例

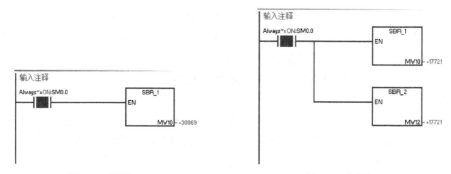

图 3-2　调用 1

图 3-3　调用 1+2

然后修改 SBR2 中的逻辑，给 QUT 送出固定值 10，如图 3-4 所示。
再次运行并监控，如图 3-5 所示。

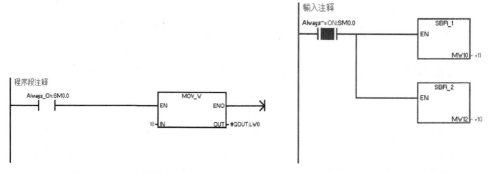

图 3-4　SBR2 逻辑修改

图 3-5　再次运行并监控

可以看出，SBR1 中的数值滚动停止了，这是因为其计算结果是在 SBR2 的结果基础上计算得到的，即原本看起来貌似正确运行的 SBR1，在增加了 SBR2，并刻意增加了一些干扰代码之后，SBR1 中的逻辑运算失效了。而这种干扰同样也会出现在继电逻辑中，增加 SBR3，做一个起保停的设备起动停止程序，如图 3-6 所示。

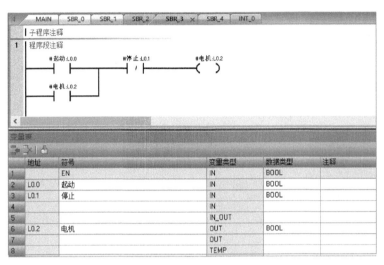

图 3-6　起保停逻辑

在没有前面 SBR1 和 SBR2 的情况下，这个逻辑貌似可以正常运行。然而在 SBR1 和 SBR2 分别调用的情况下，逻辑运行结果都是混乱的，有时候电机不能正常起动，有时候电机会乱动。而原本正常运行的自增逻辑也受到了干扰，原因是 SBR3 这里读取 IN 数据送到 L0.0 和 L0.1，事实上影响到了所谓的 LW0 的临时数据区的数值。

而如果所谓的电机起保停的模块重复调用多次，那么多个电机之间也是互相影响的，读者可以自行验证。

有读者会注意到在对 SBR1 和 SBR2 实例化时，输出的变量绑定到了 MW10 和 MW12，使用了全局变量 M，貌似违背了本书作者近些年在 PLC 行业一直倡导的 PLC 程序编程不使用 M 和 T 的原则。而其实这恰恰是在遵循这个原则。这里使用的监控输出值只是用作测试监控，并没有实际的运行意义。

本书贯穿始终的目标就是实现不在程序中使用 M 和 T 编程，通过各种方式来规避对 M 和 T 编程的使用。而所有实际使用了 M 和 T 的场合，都只是测试功能，即随时可用将相关部分的调用删除，而不会影响到程序的整体功能。

而使用了 M 变量的部位，即使忘记了删除，一旦发生了干涉，所干涉的也仅仅在监控功能本身，而不会影响到所控制设备的运行功能。

实际上，上述两个部位使用的 M 变量，完全可用全都替换为 AC0 寄存器，监控运行效果也都完全相同。

3.2 TEMP 数据传递和保持规律

这里先讲结论。

S7-200 SMART PLC 的子程序调用层级最多为 8 层，即从 OB1 开始，依次逐层调用 SBR1、SBR2、SBR3、SBR4……到 SBR8 时都是正常的。然而这是程序调用的极限，如果在 SBR8 中调用了 SBR9，那么程序编译和下载也都显得很正常，并没有提示错误。但运行监控时，SBR8 中显示调用的 SBR9 为红色，程序块未执行，如图 3-7 所示。

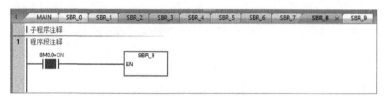

图 3-7　程序嵌套执行错误

而打开 PLC 信息，提示有非致命错误，超出了最大嵌套级别，如图 3-8 所示。

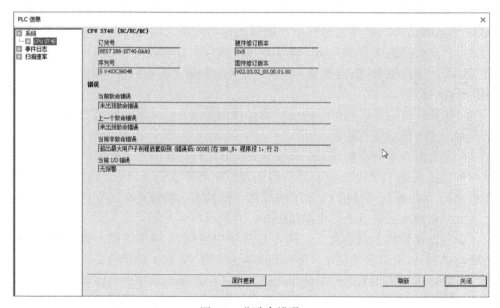

图 3-8　非致命错误

那么，不算上 OB1 自身，系统还维护了 8 层嵌套的堆栈，而中断则另有单独的 4 层堆栈。

引用自软件帮助中的描述：

在扫描周期的执行阶段，CPU 执行主程序，从第一条指令开始并继续执行到最后一个指令。在主程序或中断例程的执行过程中，使用"立即 I/O"指令可立即访问输入和输出。

如果在程序中使用子例程，则子例程作为程序的一部分进行存储。主程序、另一个子例程或中断例程调用子例程时，执行子例程。从主程序调用时子例程的嵌套深度是 8 级，从中断例程调用时嵌套深度是 4 级。

如果在程序中使用中断，则与中断事件相关的中断例程将作为程序的一部分进行存储。在正常扫描周期中并不一定执行中断例程，而是当发生中断事件时才执行中断例程（可以是扫描周期内的任何时间）。

为 14 个实体中的每一个保留局部存储器：主程序、8 个子例程嵌套级别（从主程序启动时）、一个中断例程和 4 个子例程嵌套级别（从中断程序启动时）。局部存储器有一个局部范围，局部存储器仅在相关程序实体内可用，其他程序实体无法访问。

可用通过程序验证，上、下各一层之间的 TEMP 存储区是数据隔离的，然而相同层级的子程序之间 TEMP 数据是共享的。

举例如图 3-9 所示。

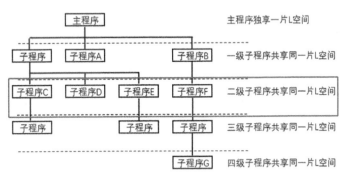

图 3-9　L 空间共享机制

图片来自西门子论坛网友芳季，在此感谢。

验证方法，在上下级的子程序中分别对 LW0 自增，增加量 1、10、100，然后在同级的相邻的子程序内读取 LW0 的值，送到 MW 数据区，并在监控表中监控。可以得到证实，即同级别之间数据成功传递，而不同级别之间数据隔离。另外再验证中断中的数据情况，可用通过赋值给 SMB 34=5，激活一个 5ms 的循环时间中断，如图 3-10 所示。

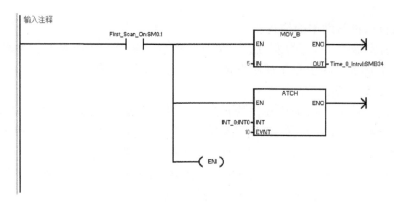

图 3-10　时间中断

可以证实中断系列的 TEMP 数据与 OB1 系列的 TEMP 数据也是隔离的。然而本书中提及的编程方法大部分都基于 OB1 架构，不会对有中断时的情况特别关注。对于有中断功能的编程，需要参考书中的介绍另外规划实现，这里只是确认即便有中断程序执行，也不会对 OB1 架构下的数据产生干扰。

同时也提醒读者注意，这里总结的 TEMP 数据区的规律只对 SMART PLC 有效，甚至受到软硬件版本的限制，无法确定未来 SMART PLC 的编程软件升级是否会打破这里的规律。

3.3　示例：利用 TEMP 数据给功能块增加输入 / 输出引脚

假设现在有需求，需要对 32 个 BOOL 量进行某些逻辑运算，得到相应的结果，这时就需要制作一个 SBR 功能块。然而，由于 SBR 的引脚数量限制，这个功能不能直接实现，所以需要先扩充引脚功能。

首先，为功能块设置 32 个引脚变量，故需要扩充，从而使其全部都在 TEMP 区，如图 3-11 所示。

前 3 行的占位在这里没有真实意义，只是为了占用扩充引脚模块所使用的 IN_OUT 数据区，另外当功能块的真正逻辑功能需要使用引脚，比如计算得到的结果点亮一个 Q 输出时，可以使用这些变量空间，只要保证后面的数据区地址不变即可。

建立引脚扩充的功能块，功能块一次可以扩充 8 个引脚，引脚扩充块变量表如图 3-12 所示。

	地址	符号	变量类型	数据类型	注释
1		EN	IN	BOOL	
2			IN		
3			IN_OUT		
4			OUT		
5	LB0	占位1	TEMP	BYTE	
6	LB1	占位2	TEMP	BYTE	
7	LD2	占位3	TEMP	DWORD	
8	L6.0	IN01	TEMP	BOOL	
9	L6.1	IN02	TEMP	BOOL	
10	L6.2	IN03	TEMP	BOOL	
11	L6.3	IN04	TEMP	BOOL	
12	L6.4	IN05	TEMP	BOOL	
13	L6.5	IN06	TEMP	BOOL	
14	L6.6	IN07	TEMP	BOOL	
15	L6.7	IN08	TEMP	BOOL	
16	L7.0	IN09	TEMP	BOOL	
17	L7.1	IN10	TEMP	BOOL	
18	L7.2	IN11	TEMP	BOOL	
19	L7.3	IN12	TEMP	BOOL	
20	L7.4	IN13	TEMP	BOOL	
21	L7.5	IN14	TEMP	BOOL	
22	L7.6	IN15	TEMP	BOOL	
23	L7.7	IN16	TEMP	BOOL	
24	L8.0	IN17	TEMP	BOOL	
25	L8.1	IN18	TEMP	BOOL	
26	L8.2	IN19	TEMP	BOOL	
27	L8.3	IN20	TEMP	BOOL	
28	L8.4	IN21	TEMP	BOOL	
29	L8.5	IN22	TEMP	BOOL	
30	L8.6	IN23	TEMP	BOOL	
31	L8.7	IN24	TEMP	BOOL	
32	L9.0	IN25	TEMP	BOOL	
33	L9.1	IN26	TEMP	BOOL	
34	L9.2	IN27	TEMP	BOOL	
35	L9.3	IN28	TEMP	BOOL	
36	L9.4	IN29	TEMP	BOOL	
37	L9.5	IN30	TEMP	BOOL	
38	L9.6	IN31	TEMP	BOOL	
39	L9.7	IN32	TEMP	BOOL	
40			TEMP	BOOL	

图 3-11　功能块变量表

变量表						×
	地址	符号	变量类型	数据类型	注释	
1		EN	IN	BOOL		
2	LB0	方向	IN	BYTE	1=前处理，2=后处理	
3	LB1	位置	IN	BYTE		
4			IN			
5	L2.0	IN01	IN_OUT	BOOL		
6	L2.1	IN02	IN_OUT	BOOL		
7	L2.2	IN03	IN_OUT	BOOL		
8	L2.3	IN04	IN_OUT	BOOL		
9	L2.4	IN05	IN_OUT	BOOL		
10	L2.5	IN06	IN_OUT	BOOL		
11	L2.6	IN07	IN_OUT	BOOL		
12	L2.7	IN08	IN_OUT	BOOL		

图 3-12　引脚扩充块变量表

给引脚扩充块中编制程序，如图 3-13 所示。

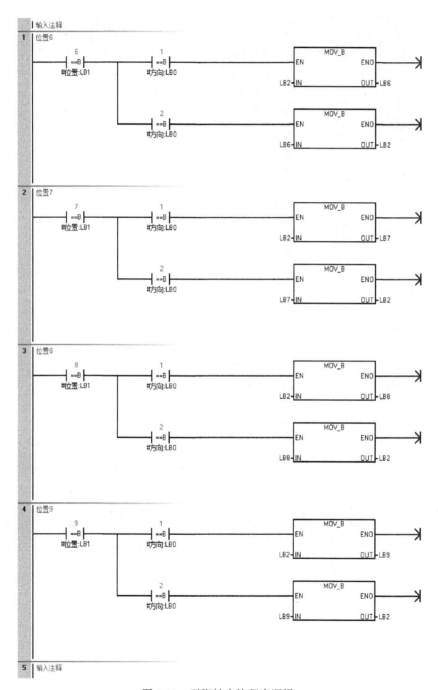

图 3-13　引脚扩充块程序逻辑

在骨架型 SBR 中实现程序调用，分为前处理、功能块和后处理三部分，如图 3-14 所示。

```
2  前处理
   LD      Always_On:SM0.0
   CALL    管脚扩充:SBR2, 1, 6, M0.0, M0.1, M0.2, M0.3, M0.4, M0.5, M0.6, M0.7
   CALL    管脚扩充:SBR2, 1, 7, M1.0, M1.1, M1.2, M1.3, M1.4, M1.5, M1.6, M1.7
   CALL    管脚扩充:SBR2, 1, 8, M2.0, M2.1, M2.2, M2.3, M2.4, M2.5, M2.6, M2.7
   CALL    管脚扩充:SBR2, 1, 9, M3.0, M3.1, M3.2, M3.3, M3.4, M3.5, M3.6, M3.7

3  功能块
   LD      Always_On:SM0.0
   CALL    功能块:SBR1

4  后处理
   LDN     Always_On:SM0.0
   CALL    管脚扩充:SBR2, 2, 2, M0.0, M0.1, M0.2, M0.3, M0.4, M0.5, M0.6, M0.7
   CALL    管脚扩充:SBR2, 2, 3, M1.0, M1.1, M1.2, M1.3, M1.4, M1.5, M1.6, M1.7
   CALL    管脚扩充:SBR2, 2, 4, M2.0, M2.1, M2.2, M2.3, M2.4, M2.5, M2.6, M2.7
   CALL    管脚扩充:SBR2, 2, 5, M3.0, M3.1, M3.2, M3.3, M3.4, M3.5, M3.6, M3.7
```

图 3-14　程序块调用

实现了将所有 32 个引脚均读入程序块的功能，这里的程序其实原本仍是 LAD 编写的，然而在 LAD 中占用篇幅过多，切换到 STL 后篇幅较小，因此采用了 STL 格式截图。然而这样的简单程序，即便在 STL 中也很容易读懂，并且复制和编辑内容都很方便。所以读者也可以学习并习惯读懂一些简单的 STL 程序。

为了验证运行正确，功能块中将 LD6 的值送到 MD10，然后监控并测试修改 MD0 的值，发现 MD10 的值总与 MD0 值相等，功能得以验证。

程序解读：

1）设置了方向引脚，两者方向不同，分别对应了前处理和后处理：①把引脚来的源数据复制到目标位置；②把目标位置的数值复制回源数据，即到引脚。由于两个方向的数据结构是相同的，所以在前处理程序参数输入完成后，只需要将其程序段复制到后处理，再将方向参数修改即可。这样可大幅度减轻输入参数的工作量，并减少出错概率。

2）本例子程序中这些 IN_OUT 引脚的数据只是用于输入，未对其数据进行修改，然而后处理时将数据原样送出也并不会影响到数据的值。

3）设计了位置引脚后，根据指定的位置，将源数据同步到目标位置。由于 SBR 内的 TEMP 变量并不支持指针和变址等功能，所以程序逻辑中判断位置 6、7、8、9 直接通过枚举实现的。

4）通过前处理+后处理的处理方法，数据区内的数据获得了与 IN_OUT 同样的属性能力，这种前处理+后处理的技巧方法在未来章节中会反复用到。

5）程序功能实现的最重要的前提是这里调用部分的顺序不可以随意改变，程序块的调用之间也不可以再插入其他的程序块。

6）这里虽然使用了 M 变量，但只是用于测试，实际功能的实现并没有使用 M 变量。比如，如果实际的点来自 IO 信号，则实参部分应该是顺序不规则的一个个的 IO 点。然而程序功能并没有使用 M 变量，所以程序块可以重复使用，也可以随意复制到需要同样功能的项目程序中。

3.4　相同功能例子的传统方法实现

实际应用中，当数据格式为 BYTE，INT 等时，也都可以用与 3.3 节相同的方法实现。即便是 BOOL 数据，不管是否使用全局变量 M 数据，都可以在功能块上增加一个 DOWORD 引脚，外部通过拆位聚合的方式准备和送入数据，所编写的程序的简洁程度与 3.3 节模块化方法编写的都会有一定差距。

现在进行比较。首先，功能块增加一个 DWORD 数据类型的 IN_OUT 引脚，并调用。同样不使用 M 变量，使用骨架 SBR 中的 TEMP 变量 LD6，如图 3-15 所示。

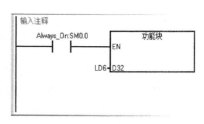

图 3-15　功能块调用 2

需要在这个调用环节之前对 LD6 的 32 个位逐个赋值，准备好数据。首先完成 8 个 BIT 的赋值，如图 3-16 所示。

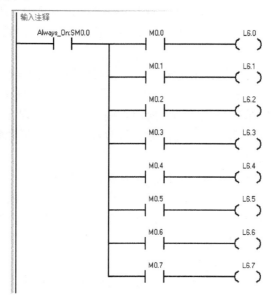

图 3-16　为 8 个 BIT 赋值

而完整程序赋值应该是 4 次，需要 32 行，这里就不将所有 LAD 程序贴出了，读者可以自行在电脑软件中实现后进行比较。

这只是前处理，而如果也需要同样的后处理，则还需要另外的 32 行梯形图。比起本书方法的图 3-13，简洁程度差出好几个量级。而且本书方法可以在文本编辑器中快速生成，而传统的方法，不管是在 LAD 还是 STL 中，都很难使用工具快速实现，只能逐个录入。

虽然最终实现了同样的功能，但设计工作效率的差距还是很明显的。而尤其重要的是这种调用环节的工作有可能会重复多次，同一个项目中会重复，不同的项目也会重复需要，因为项目不同，点位不同，每一个都要完成这样的工作量，工作量和复杂程度就逐渐翻倍了。

这里调用部分的工作，按照专业的术语称为耦合，而理想的设计工作应该是尽量做到高内聚低耦合，即功能实现的部分，难度高一点，实现过程复杂一点，都无所谓。因为只需要做一次，就可以重复使用了，所以要高内聚。而实现的部分，则主张尽量简化，最好能简化到使用便捷工具就可以完成，并且使用简单，随便一个不懂技术的人都可以胜任，那样才是最成功的设计。

3.5　TEMP 数据实现变址

扩充 4 个 BYTE 的引脚用了重复的 4 行程序实现，如果再增加，比如 8 个 BYTE 乃至更多呢？现在的解决方案只能是简单再增加，比如增加 LB10、LB11、LB12、LB13 的段落，所以这个扩充引脚的功能块并不通用。原因是 S7-200 SMART PLC 中的 TEMP 数据不支持地址指针，所以做不到用变量或指针方法实现对 LBx 的定位。然而，在经过仔细研究后，可以借用 V 区数据，V 区数据支持地址指针，可以沿用前文前处理 + 后处理的技巧，使用 V 区数据实现功能的同时，却不真正意义占用（污染）V 区数据。

方法如下：

首先，建立一对功能块 SBR，分别命名为"V 数据备份"和"V 数据恢复"，如图 3-17 和图 3-18 所示。

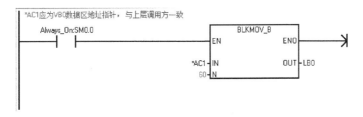

图 3-17　V 数据备份

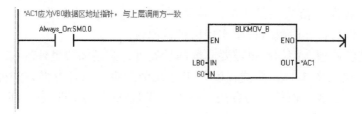

图 3-18　V 数据恢复

然后改造原引脚扩充 SBR，名称标识为引脚扩充 V，见表 3-1。

表 3-1　SBR 引脚扩充 V 程序逻辑

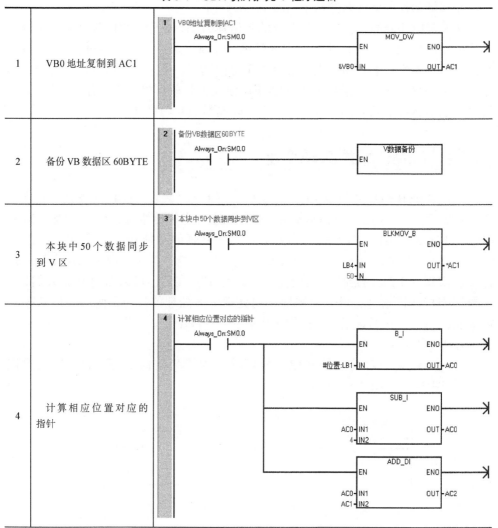

1	VB0 地址复制到 AC1	
2	备份 VB 数据区 60BYTE	
3	本块中 50 个数据同步到 V 区	
4	计算相应位置对应的指针	

（续）

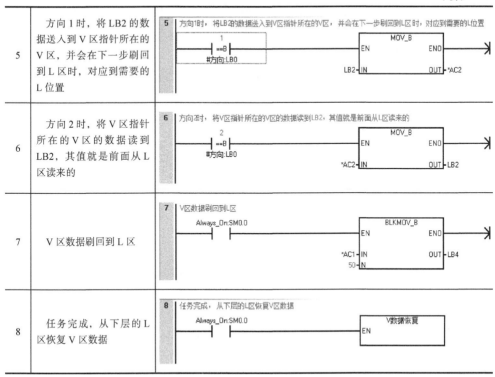

5	方向 1 时，将 LB2 的数据送入到 V 区指针所在的 V 区，并会在下一步刷回到 L 区时，对应到需要的 L 位置	
6	方向 2 时，将 V 区指针所在的 V 区的数据读到 LB2，其值就是前面从 L 区读来的	
7	V 区数据刷回到 L 区	
8	任务完成，从下层的 L 区恢复 V 区数据	

程序解读：

实现的思路仍然是本章提到的嵌套调用的 SBR 上下层之间 TEMP 数据互相隔离且同层传递的特性。所增加的"SBR_V 数据备份"和"SBR_V 数据恢复"都处于当下的"SBR_引脚扩充 V"的下一层中，而且两次调用过程中间并没用其他的子程序 SBR 调用，它们的 TEMP 数据是可以继承传递的。所以在将 V 区备份时的数据，在恢复时又原样恢复了。

因此，即便使用程序中应用最频繁的 VB0 开始的数据，也仍然不会有影响。当然，在实际程序中，为安全起见，读者可以使用更大地址编号的数据区，比如 VB5000，这样只需要修改第一段的程序地址为 &VB5000 即可。

这里使用的下一级调用的 TEMP 数据区 60BYTE 范围，实现了 60 个 V 区数据的临时缓存，所以只要位置小于 60 的地址都可以实现定位。当然引脚扩充块本身的数据区顶多也不过 60BYTE，所以将来无论如何都够用，由此实现了通用性。

这里对 VB0 数据的应用，在程序整体的交叉引用中会检索到，但其实只是借用，并没有真正使用。所以，即便查询程序检查 VB0 数据区的使用情况时，也完全可以不需要打开此段的程序核查。为了不引起后来读程序的工程师的误解，可以隐藏此处 VB 地址的使用，具体方法是如果在监控状态读取到此处 &VB0 的值为 16#08000000，那么程序中直接使用这个常数数值替换 &VB0 地址，所实现的功能也完全一样。

这里还使用了 AC1 来跨层传递地址指针。系统手册在讲解堆栈的章节中，特别提到了并不给 AC 寄存器做堆栈，这里就是利用了这一点。第 4 章会对 AC 寄存器的特性做更多的探索。

第 4 章

AC 寄存器

AC 寄存器的完整名称为累加器寄存器，S7–200 SMART PLC 系统中一共提供了 4 个 AC 寄存器，分别为 AC0、AC1、AC2、AC3。

AC 寄存器的本质是 4 个全局变量，然而它却比 M 全局变量好用得多。首先，它不需要定义符号名，地址即名称。其次，它也不需要定义数据类型和长度，所有系统函数，凡是需要输入数据的地方，除了 BOOL 量之外，其余的所有数据类型，小到一个字节的 BYTE，大到 4 个字节的 DWORD，REAL 以及数据指针等都可以接受，不报错误。

4.1　使用与不使用 AC 寄存器编程方法的比较

比如一个原始为 BYTE 的变量，要经过数次格式转换，最终到浮点数，以参与数学计算，如果使用 M 变量，会是如图 4-1 所示。

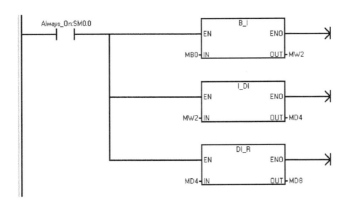

图 4-1　数值转换使用 M 变量

仅此一段，就消耗掉了 M 变量 8 个 BYTE，而系统的 M 变量一共才 32BYTE，所以是经不起这样耗费的。而即便在 SBR 中，使用 TEMP 变量辅助，也会是如图 4-2 所示。

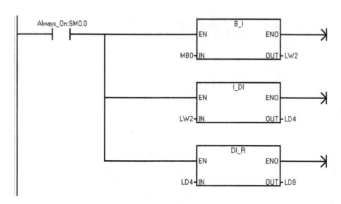

图 4-2　数值转换使用 L 变量

这也消耗了差不多数量级的内部变量。L 变量虽然数量多一点，但通常 SBR 功能块要用在实现复杂计算功能的场合，这一块的资源也是很紧张的，有时也经不起这样的耗费。

如果使用 AC 寄存器来实现，如图 4-3 所示。

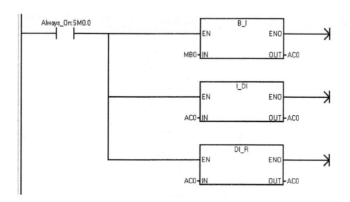

图 4-3　数值转换使用 AC0

后续的程序要进行计算时，可以直接使用这里得到的 AC0 的结果。可以看出，完全不需要消耗变量了，所以用起来是非常便捷的。

然而正是因为这种便捷，所有人在学会了使用 AC 之后，就会无限次地重复使用它，造成的结果是对 AC 寄存器的使用只在当前 SBR 程序功能块，甚至只限于在一个段落的上下文中使用，用过之后其数值便被丢弃了。

也恰恰因为这种高频率的重复使用，导致对其交叉索引也失去了意义。没有必要全程序范围内查找对其值的修改，也不需要担心会造成对当下要调试的功能块计算值的影响。

所以，对 AC 寄存器使用的通常规则是只在当下的 SBR 范围内有效。在任何 SBR 内，开始时都先对 AC 赋值，然后仅在本 SBR 内读取使用其数值，只要离开本 SBR，数值即废弃。

3.5 节提出的方法，使用 AC 实现跨越子程序嵌套做数据传递的方法是极罕见的情况。通常数据通过接口传递会更易读，模块化的互换性也更好，因此这只是极个别的特殊应用，不建议效仿。上一个例子也完全可以，只是所能缓存的 V 区数据少了 4 个 BYTE。读者可以自行测试实现。

4.2 AC 寄存器数值的缓存与恢复

如前文所述，SMART 的操作系统在调用子程序时，不会为 AC 寄存器做堆栈处理。所以，如果在 SBR 编程时习惯了使用 AC 寄存器，那么多个 SBR 互相有调用关系时，就有可能引起互相干扰。

比如 SBR1 中有调用了 SBR2，程序段逻辑顺序如下：

1）SBR1 中 AC 赋值；

2）调用 SBR2，且内部对同一 AC 进行了赋值和读取访问；

3）SBR1 中读取 AC 的值。

第 3 步读取得到的 AC 的值是在第 2 步 SBR 内写入的值，这样第 1 步的赋值就遗失了，由此带来了错误。需要自己编程实现对 AC 寄存器的数据保存和恢复，即通过人为手段，进行堆栈管理。具体方法是在每个功能 SBR 的 TEMP 数据区中建立 4 个 DWORD 类型的数据 SAC0、SAC1、SAC2、SAC3，在 SBR 程序段开始时，将当前的 AC 值分别存入到 SAC 中。而在 SBR 的最后一段，将缓存的 AC 的值恢复。

建立 SBR1，如下：

		变量表

		地址	符号	变量类型	数据类型	注释
1	变量表	1		EN	IN	BOOL	
		2			IN		
		3			IN_OUT		
		4			OUT		
		5	LD0	SAC0	TEMP	DWORD	
		6	LD4	SAC1	TEMP	DWORD	
		7	LD8	SAC2	TEMP	DWORD	
		8	LD12	SAC3	TEMP	DWORD	
		9			TEMP		

（续）

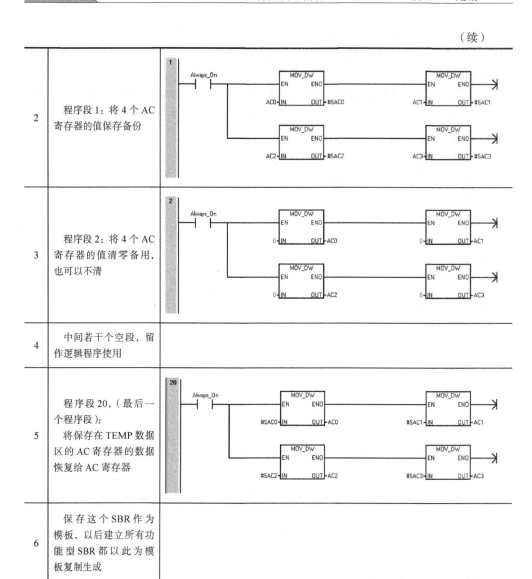

2	程序段 1：将 4 个 AC 寄存器的值保存备份	
3	程序段 2：将 4 个 AC 寄存器的值清零备用，也可以不清	
4	中间若干个空段，留作逻辑程序使用	
5	程序段 20，（最后一个程序段）：将保存在 TEMP 数据区的 AC 寄存器的数据恢复给 AC 寄存器	
6	保存这个 SBR 作为模板，以后建立所有功能型 SBR 都以此为模板复制生成	

保存这个 SBR 作为模板，以后建立的所有功能型 SBR 都以此为模板复制生成。通过在 SBR 前后分别增加前处理的数据保存和后处理的数据恢复，实现对 AC 寄存器的保存和恢复。从此以后，所有 SBR 中都可以自由使用 AC 寄存器，而无需担心数据被污染干扰。这种方法最大的弊端是需要消耗 4 个 DWORD 共 16 个字节的 TEMP 数据区，在一些计算量大的功能块中会导致资源不够用。实际应用中可以根据具体的 SBR 的逻辑功能，只对用到的 AC 寄存器做缓存，而未用到的不作处理，由此可以节省一点数据区。

4.3　循环指令中使用 AC 寄存器

由于 AC 寄存器兼容 BOOL 数据类型之外的几乎所有数据类型，所以带来了极大的便利性。其中一个最便捷的应用场合是在循环语句中，如图 4-4 所示。

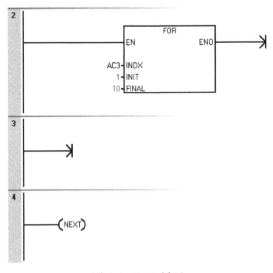

图 4-4　FOR 循环

比如，在 FOR 循环中，直接使用一个 AC 寄存器，即简单建立了一个循环逻辑。而不需要再单独建立循环变量，也不必关心变量格式的合法性，循环逻辑内部如果需要用到循环索引号进行数学计算，那么也可以直接使用。

然而这种随意使用 AC 的背后也隐藏了极易疏忽的误区。下面来做个测试：在使用 AC3 之前为其赋一个值，然后循环指令使用 AC3，再监控其真实值的状态，如图 4-5 所示。

监控运行值如图 4-6 所示。

可以发现，AC3 的实际值并不是想象的 1 ～ 10 的数值，而是开始时赋值的高位部分一直跟随着，即在将其作为 INT、BYTE 等数值使用时，其高位的数值并没有被清除，而是保持。所以如果以为 AC 的数值可以直接使用，就会带来错误。解决方法是要么严格遵守字节到字到双字的数据转换，要么在使用之前将 AC 数值清零。因此，每次将寄存器备份后，习惯性地首先进行清零是比较稳妥不容易出错的方法。

通常所涉及的场合，即便不用 AC，换一个 DWORD 变量，比如 VD100 也能实现功能。或者为了程序块的重复使用，不使用全局变量，也可以用 TEMP 变量，比如 LD4 替代 AC3，绝大多数的应用功能都可以实现。

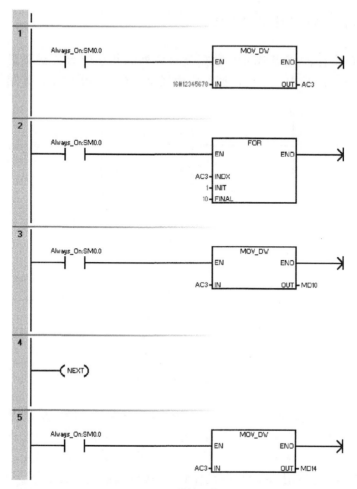

图 4-5　增加监控

	地址	格式	当前值	新值
1	MD10	十六进制	16#1234000A	
2	MD14	十六进制	16#1234000B	

图 4-6　监控运行值

　　本章提及的替代变量都是基于绝对地址寻址的，甚至都必须在没有为其定义符号名的情况下。比如，要调用一个 DI_R 函数指令，将一个 DOWRD 数据从 DINT 转换到 REAL，左右两侧都输入 AC0 可以，都输入 LD0 也可以。然而如果 SBR 中给 LD0 符号名，那么就势必需要标明数据类型。如果为 DINT，则转换后输出部分报错；而如果定义为 REAL 类型，则左侧报错，如图 4-7 所示。

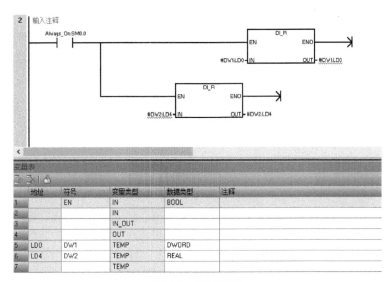

图 4-7 符号错误

这便左右为难了，要想一个 LD 变量实现和 AC 寄存器同样的功能，除非不给变量定义符号。而 PLC 程序支持符号寻址是一种趋势，用符号名代替绝对地址寻址进行编程，除了可以帮助提高程序的易读性之外，也是一项非常有意义的技术方法，能够带来很多便捷性，会在后面章节专门讲解。

第5章

循环指令的使用禁忌

S7-200 SMART PLC 中虽然只有一种 SBR 子程序，但在本书开始时就约定了对 SBR 的定位有两种，即骨架型 SBR 和功能型 SBR。其中骨架型 SBR 没有参数引脚，只用于实例化调用各种功能型 SBR。而功能型 SBR 有参数引脚，用于实现特定的功能，或者实现特定设备类型的控制逻辑。

按照高内聚低耦合的设计分工，功能型 SBR 用于实现内聚类设计，而骨架型 SBR 用于耦合设计。那么如循环指令这样的逻辑指令，应该只出现在功能型 SBR 内，即高内聚，而不应该在耦合场合应用循环指令。

如果程序结构规划导致必须在耦合场合应用，即骨架型 SBR 中使用循环指令，或者只有使用循环指令才能实现预期功能，那就说明程序结构的原始框架设计有缺陷，这个缺陷不是指会导致设备功能无法正常运转，而是指设计的模块化被打乱，模块化失去了意义。

由于本书的内容重点不在标准化编程烟台方法的讲解，所以对于高内聚低耦合的编程方法在 PLC 系统内的应用实现，请另外参考作者已出版的《PLC 标准化编程原理与方法》和《三菱 PLC 标准化编程烟台方法》。

5.1 ［万泉河］PLC 编程中循环语法的使用

所有计算机编程语言都有循环的功能，PLC 也是如此。不管什么 CPU，什么编程语言，都有循环语法，可以用于实现循环。当然，很多时候语言对循环支持的并不够理想，通常还要有指针，间接寻址等配合，所以在 PLC 编程中属于难度比较高的题目，如图 5-1 所示。

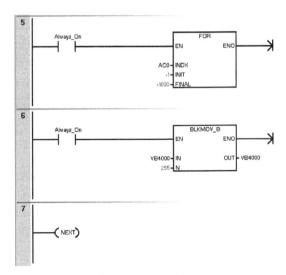

图 5-1　FOR 循环

首先来看循环编程方法的意义的几个方面：

1）提高 CPU 的工作效率；

2）降低程序代码数量，减少内存使用；

3）降低编程时的工作量。

关于 1），只用类似 FOR…NEXT 的循环语句，对 CPU 的计算负载量其实是没有多少改善的。循环 100 次和写 100 行，并没有太大区别。当循环周期数很大时，需要当心 OB1 循环超时。

关于 2），减少代码数量需要有足够多的循环次数才有意义，如果只有五个对象或者更少，那么为了做循环还要精心准备输入和输出接口，最终反而使得程序代码量变多了。

关于 3），编程的工作量和难度都是要综合考虑的。如果编程工具可以支持与办公软件的数据相互复制，则可以先在办公软件中通过数据整理技巧把程序代码整理好，再在 PLC 环境中直接使用，从而使得工作量更少，更快捷。

在工业自动化系统中，通常设备数据量都很小，比如一个中型的控制系统，100 台电机设备算比较多了。而值得通过循环来编程的，通常都是同一个类型的序列设备，一般不超过 5 台。

如果要设计为循环编程方法，则还需要在 I/O 排布开始就充分考虑。比方说输入信号按顺序 X.0，X.1，X.2，X.3，X.4 排列，输出信号也要同样按顺序排列起来。

这就需要提前与电气图样设计者沟通好，也要与盘柜工人配合，而这些是不符合标准化模块化设计原则的。尤其是在运行中，假如中间某一个模块的点突然坏掉，要将其中一个点挪到其他的地址，这是做不到的。

回顾作者十几年来编写过的 PLC 程序，真正用到循环编程的场合少之又少。印象中比较深的是处理仓库类数据时，用到了循环。但因为循环量太大，尽管开始是用循环语句实现的，但后来发现这会导致 CPU 的循环周期过长。因为没有实时性要求，所以最后还是改为异步循环，借由 OB1 的循环周期来实现。

所以，关于循环语法，作者的原则是"能不用循环，就尽量不用"。

5.2 ［万泉河］程序算法的本质

我有一个观点：所有程序，包含计算机程序和 PLC 程序，当谈及算法的时候，算法的本质一定有循环以及与 IF 语句的配合。

对于 PLC 系统来说，由于它自身内置了 OB1 循环机制，所以好多简单的循环功能甚至不需要用显式的 FOR NEXT 或者 LOOP 语句，通过借用 OB1 的循环机制就可以实现。反而会比 LOOP 循环更节省 OB1 循环时间，所以在 PLC 领域，用到循环的场合很少。

在 2019 年我曾经写过一篇文章，《"万泉河"PLC 编程中循环语法的使用》，在文章中指出，大部分的 PLC 应用领域是不需要用循环语法的，只有少数的算法中有可能用到。然而大家如果按照传统的方法写 PLC 程序的话，实在没有多少算法，那么自然也没有机会用到。

有读者在我文章后面回复我并找出一个特例：MODBUS 通信报文的 CRC 校验。

没错，这确实是有算法，确实是需要用到循环。然而，所有同行中，有几个人需要编写调试 CRC 校验的程序呢？市面上所有 PLC 平台的应用，CRC 校验基本都被封装成标准块了，大家要做 MODBUS 通信的时候，只需要调用这个库函数即可，完全可以不用晓得其内部的算法，也自然就不需要知道有什么循环了。

而对于某些有机会做 CRC 以及 BBC 等别的校验计算语法的程序员，这些算法最多调试一次，一次成功后就会自己给自己打包，在以后的项目中重复应用。

所以，从那位读者列举出的 CRC 例子反而证明了工业控制 PLC 程序中用到循环算法的机会很少，而且少之又少。

可能由于这样的原因，导致大家反而非常珍惜用到循环的机会。会不由自主地挖掘一切可以用循环实现功能的机会，以锻炼自己的语法掌控能力。

我在所有 PLC 平台实现同样功能的 80 工位控制公用灯的系列例子中，从一开始就强调，80 只是个量的概念，工位配置是复杂多样的，不要去尝试简单循环调用。只要脱离例子本身，针对工程项目，循环规律必然被打破，没法用到循环语法了。

然而，这根本挡不住大家对循环的执念。

在回复中，仍然不断地有各种回帖将我给出的例子程序改造后用循环实现，然后指着他那十来句的程序说，我做例子比你做的例子还简练！

然而你做的循环程序都不用到工程项目上，因而毫无应用价值啊！

对应到工程项目中，工程现场的布局规律，工艺要求稍微改变一点，辛辛苦苦做出来的语法程序就彻底作废，需要从头重来。

将 80 工位分为三个区域，每个区域共用一个灯，产线布局图如图 5-2 所示。

产线布局图									
	A				B				C
GW00	GW01	GW02	GW03	GW04	GW05	GW06	GW07	GW08	GW09
									GW09A
GW19	GW18	GW17	GW16	GW15	GW14	GW13	GW12	GW11	GW10
GW19A									
GW20	GW21	GW22	GW23	GW24	GW25	GW26	GW27	GW28	GW29
									GW29A
GW39	GW38	GW37	GW36	GW35	GW34	GW33	GW32	GW31	GW30
GW39A									
GW40	GW41	GW42	GW43	GW44	GW45	GW46	GW47	GW48	GW49
									GW59A
GW59	GW58	GW57	GW56	GW55	GW54	GW53	GW52	GW51	GW50
GW59A									
GW60	GW61	GW62	GW63	GW64	GW65	GW66	GW67	GW68	GW69
									GW69A
GW79	GW78	GW77	GW76	GW75	GW74	GW73	GW72	GW71	GW70

图 5-2　产线布局图

然而，产线在厂房内的布局不是一字排开，而是蛇形弯曲的，这符合工程实际应用。所以，最终三个区域控制的灯并不具备数字上的规律，而是如图中的 GW00，GW01，GW02，GW19，GW18，GW17，GW20…GW78，GW77 等被划分在同一个公用灯 A 之下。总之，这个环节的程序是需要在现场根据工艺图来完成的。

输出的灯变多之后，程序也变乱了，因此可以在产线方向折回的地方增加一个工位 GW09A，GW19A 等，初衷是在设计布局时为了整齐而人为增加的，而实际工程应用也完全有可能有这样的临时改动。

另外，关于算法和循环，传统的面向过程的 PLC 程序中很少用到，但在标准化架构烟台方法中其实用到的机会很多。比如优雅点亮指示灯、MODBUS 自轮询的并行通信等各种功能实现，以及近年来提出的一些算法题目、GETUID、配方参数联动竞赛等，这些题目的实现背后其实都是依靠大量的循环语法支撑的。甚至有的算法是多重循环交叉配合才能实现的，除了 FOR 循环，还要再借助 OB1 本身的循环机制，对于有兴致研究复杂算法的读者，机会还是很多的。

5.3 ［万泉河］优雅的 PLC 程序一定是用 Excel 写出来的

作者曾在《PLC 标准化编程原理与方法》一书中，明确将 Excel 技能列在技能需求第二项，重要程度为 8，难度系数为 2。因为 Excel 技能相当于通用技能，而不仅仅局限于 PLC 行业之内。要提升技能或者获取答案的方法非常多，即便有解决不了的问题，也可以在网上搜索，十分便捷。

比如在一个 S7-200 SMART PLC 的例子里备注：后面 79 个工位调用用 STL 编写。

CALL L31_ 工位控制，GW01_SIG，LAMP，GW01_SAV
CALL L31_ 工位控制，GW02_SIG，LAMP，GW02_SAV
CALL L31_ 工位控制，GW03_SIG，LAMP，GW03_SAV
CALL L31_ 工位控制，GW04_SIG，LAMP，GW04_SAV
CALL L31_ 工位控制，GW05_SIG，LAMP，GW05_SAV
CALL L31_ 工位控制，GW06_SIG，LAMP，GW06_SAV
CALL L31_ 工位控制，GW07_SIG，LAMP，GW07_SAV
CALL L31_ 工位控制，GW08_SIG，LAMP，GW08_SAV
CALL L31_ 工位控制，GW09_SIG，LAMP，GW09_SAV
CALL L31_ 工位控制，GW10_SIG，LAMP，GW10_SAV
......

这样简单有规律的程序脚本用 Excel 即可完成。

作者的文章《"万泉河"程序算法的本质》和《"万泉河"PLC 编程中的循环语法使用》中都强调了 Excel 的重要性。

下面从 Excel 技巧出发，逐步演示用 Excel 生成 PLC 程序的方法最终将 80 个模拟量调用的示例程序与 80 工位双联开关程序合并到一个系列中（前提基础是所有 PLC 平台均兼容）。

将上述的 STL 程序生成的第一个实例的程序复制到 Excel 中，然后拖拽单元格右下角的小黑点拖到 80 行，并选择填充序列，如图 5-3 所示。

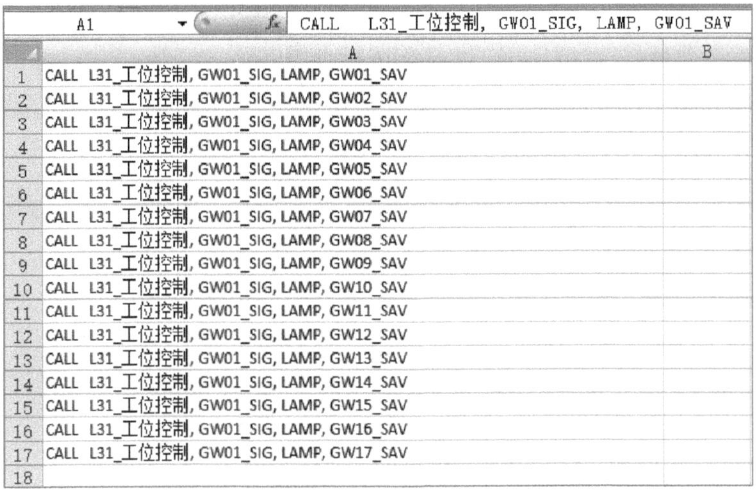

图 5-3　用 Excel 写程序 1

可以看出程序中有两个数字序列，但 Excel 只给文本中的最后一个数字生成序列。要实现两个或多个数字序列方法是将文本复制到 AB 两列，然后各自删掉头和尾，保证数字分到了两个列中，再对这两个单元格同时拖拽 80 行，即生成了 80 行调用程序，如图 5-4 所示。

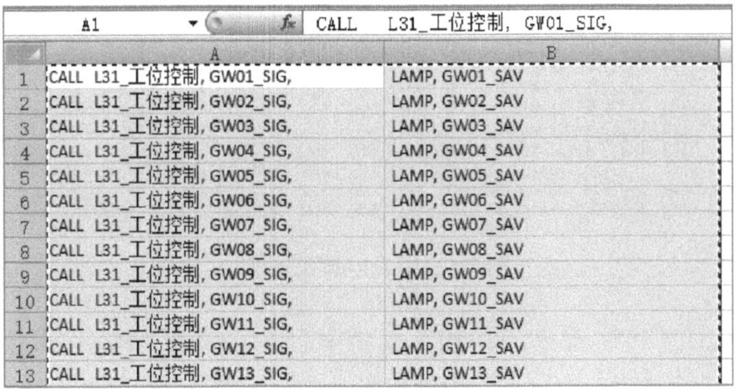

图 5-4　用 Excel 写程序 2

全部选中，复制内容回程序中，直接可用。其实，这样复制的内容中有表格分隔符，所以也可以另外生成一个 C 列，里面的公式填入 "=A1&B1"，同样拖拽到 80 行，生成了 80 行结果，由此便得到了完整的 80 行程序调用。

然而，这里 80 个工位编号完整整齐的从 01 递增到 80，是为了例子生成便捷刻意安排的。实际的工程项目中位号通常不连续，比如：GW1001　GW1002　GW1003　GW1004　GW1005　GW1006　GW1007　GW1008　GW1009　GW1010

GW2001　GW2002　GW2003　GW2004　GW2005　GW2006　GW3001
GW3002　GW3003　GW3004　GW3005　GW3006……总计 80 个。

首先将上述的位号数据复制到 A 列，这里是一行数据，可以先复制到一个行中，然后选择性粘贴，转置，将行排列的数据转置成列。

程序调用的位号部分修改到 AAAA，即

CALL L31_工位控制，AAAA_SIG，LAMP，AAAA_SAV

复制到 B 列所有行。

C2 中填入公式 "=SUBSTITUTE（B2，"AAAA"，A2）"。

意思是将 B 列中的 AAAA 字符的部分替换为 A2 单元格的内容，即得到了目标的程序，拖拽到底，则生成了所有程序，如图 5-5 所示。

	A	B	C
1	位号	程序模板	替换位号
2	GW1001	CALL　L31_工位控制，AAAA_SIG，LAMP，AAAA_SAV	CALL　L31_工位控制，GW1001_SIG，LAMP，GW1001_SAV
3	GW1002	CALL　L31_工位控制，AAAA_SIG，LAMP，AAAA_SAV	CALL　L31_工位控制，GW1002_SIG，LAMP，GW1002_SAV
4	GW1003	CALL　L31_工位控制，AAAA_SIG，LAMP，AAAA_SAV	CALL　L31_工位控制，GW1003_SIG，LAMP，GW1003_SAV
5	GW1004	CALL　L31_工位控制，AAAA_SIG，LAMP，AAAA_SAV	CALL　L31_工位控制，GW1004_SIG，LAMP，GW1004_SAV
6	GW1005	CALL　L31_工位控制，AAAA_SIG，LAMP，AAAA_SAV	CALL　L31_工位控制，GW1005_SIG，LAMP，GW1005_SAV
7	GW1006	CALL　L31_工位控制，AAAA_SIG，LAMP，AAAA_SAV	CALL　L31_工位控制，GW1006_SIG，LAMP，GW1006_SAV
8	GW1007	CALL　L31_工位控制，AAAA_SIG，LAMP，AAAA_SAV	CALL　L31_工位控制，GW1007_SIG，LAMP，GW1007_SAV
9	GW1008	CALL　L31_工位控制，AAAA_SIG，LAMP，AAAA_SAV	CALL　L31_工位控制，GW1008_SIG，LAMP，GW1008_SAV
10	GW1009	CALL　L31_工位控制，AAAA_SIG，LAMP，AAAA_SAV	CALL　L31_工位控制，GW1009_SIG，LAMP，GW1009_SAV
11	GW1010	CALL　L31_工位控制，AAAA_SIG，LAMP，AAAA_SAV	CALL　L31_工位控制，GW1010_SIG，LAMP，GW1010_SAV
12	GW2001	CALL　L31_工位控制，AAAA_SIG，LAMP，AAAA_SAV	CALL　L31_工位控制，GW2001_SIG，LAMP，GW2001_SAV
13	GW2002	CALL　L31_工位控制，AAAA_SIG，LAMP，AAAA_SAV	CALL　L31_工位控制，GW2002_SIG，LAMP，GW2002_SAV
14	GW2003	CALL　L31_工位控制，AAAA_SIG，LAMP，AAAA_SAV	CALL　L31_工位控制，GW2003_SIG，LAMP，GW2003_SAV
15	GW2004	CALL　L31_工位控制，AAAA_SIG，LAMP，AAAA_SAV	CALL　L31_工位控制，GW2004_SIG，LAMP，GW2004_SAV
16	GW2005	CALL　L31_工位控制，AAAA_SIG，LAMP，AAAA_SAV	CALL　L31_工位控制，GW2005_SIG，LAMP，GW2005_SAV
17	GW2006	CALL　L31_工位控制，AAAA_SIG，LAMP，AAAA_SAV	CALL　L31_工位控制，GW2006_SIG，LAMP，GW2006_SAV
18	GW3001	CALL　L31_工位控制，AAAA_SIG，LAMP，AAAA_SAV	CALL　L31_工位控制，GW3001_SIG，LAMP，GW3001_SAV
19	GW3002	CALL　L31_工位控制，AAAA_SIG，LAMP，AAAA_SAV	CALL　L31_工位控制，GW3002_SIG，LAMP，GW3002_SAV
20	GW3003	CALL　L31_工位控制，AAAA_SIG，LAMP，AAAA_SAV	CALL　L31_工位控制，GW3003_SIG，LAMP，GW3003_SAV
21	GW3004	CALL　L31_工位控制，AAAA_SIG，LAMP，AAAA_SAV	CALL　L31_工位控制，GW3004_SIG，LAMP，GW3004_SAV
22	GW3005	CALL　L31_工位控制，AAAA_SIG，LAMP，AAAA_SAV	CALL　L31_工位控制，GW3005_SIG，LAMP，GW3005_SAV
23	GW3006	CALL　L31_工位控制，AAAA_SIG，LAMP，AAAA_SAV	CALL　L31_工位控制，GW3006_SIG，LAMP，GW3006_SAV

图 5-5　用 Excel 写程序 3

接下来模拟量转换程序的调用。模拟量程序的特点是输入的参数很多，每一个模拟量的标定数据上下限、物理单位等都不一样，来自工艺统计的位号表，如，如图 5-6 所示。

工艺表中必然另外存在一些不关心的数据信息列，只需要隐藏即可，留下的内容都需要生成到程序中，包括字符类型的注释和单位部分。在 PLC 支持的情况下，可以直接做到 FB 的引脚上，最终不仅在程序中直观可见，字符数据还可以传到上位机中，上位组态时也不必再包含这部分录入的工作量了。

序号	符号	类型	单位	量程下限	量程上限	注释
19	AI_V019	AI	pa	0	100	DPT-R5
20	AI_V020	AI	pa	0	500	DPT-F5
21	AI_V021	AI	°C	-5	55	THT-R6-T
22	AI_V022	AI	%	0	100	THT-R6-RH
23	AI_V023	AI	pa	0	100	DPT-R6
24	AI_V024	AI	pa	0	500	DPT-F6
25	AI_V025	AI	°C	-5	55	THT-R7-T
26	AI_V026	AI	%	0	100	THT-R7-RH
27	AI_V027	AI	pa	0	100	DPT-R7
28	AI_V028	AI	pa	0	500	DPT-F7
29	AI_V029	AI	°C	-5	55	THT-R8-T
30	AI_V030	AI	%	0	100	THT-R8-RH
31	AI_V031	AI	pa	0	100	DPT-R8
32	AI_V032	AI	pa	0	500	DPT-F8
33	AI_V033	AI	°C	-5	55	THT-R9-T
34	AI_V034	AI	%	0	100	THT-R9-RH
35	AI_V035	AI	pa	0	100	DPT-R9
36	AI_V036	AI	pa	0	500	DPT-F9

图 5-6　位号表

程序模板如下：

```
"//#AAAA (IN_INT: =""AAAA"",
         HI_LIM: =CCCC, LO_LIM: =BBBB,
         INSTANCE: ='DDDD', unit: ='EEEE'); "
```

其中除了信号名称 AAAA 需要替换之外，后面的 BBBB，CCCC，DDDD，EEEE 也分别替换为表格内的内容。把模板所在的单元格起名字定义为 AI_1500，替换语法设置如下：

```
=SUBSTITUTE（SUBSTITUTE（SUBSTITUTE（SUBSTITUTE（SUBSTITUTE
（SUBSTITUTE（AI_1500, "AAAA", B2）, "BBBB", G2）, "CCCC", H2）, "DDDD", I2）,
"EEEE", F2）, CHAR（10）, " "）
```

最终生成了程序：

```
"AI_V019" (IN_INT: ="AI_V019",                    HI_LIM: =100, LO_LIM: =0,
INSTANCE: ='DPT-R5', unit: ='pa', QOUT=>"HMI".AI.AI_V019 );
    "AI_V020" (IN_INT: ="AI_V020",                HI_LIM: =500, LO_LIM: =0,
INSTANCE: ='DPT-F5', unit: ='pa', QOUT=>"HMI".AI.AI_V020 );
    "AI_V021" (IN_INT: ="AI_V021",                HI_LIM: =55, LO_LIM: =-5,
INSTANCE: ='THT-R6-T', unit: ='℃', QOUT=>"HMI".AI.AI_V021 );
    "AI_V022" (IN_INT: ="AI_V022",                HI_LIM: =100, LO_LIM: =0,
INSTANCE: ='THT-R6-RH', unit: ='%', QOUT=>"HMI".AI.AI_V022 );
    "AI_V023" (IN_INT: ="AI_V023",                HI_LIM: =100, LO_LIM: =0,
INSTANCE: ='DPT-R6', unit: ='pa', QOUT=>"HMI".AI.AI_V023 );
```

再将程序文本直接复制到 PLC 软件中即可，如图 5-7 所示。

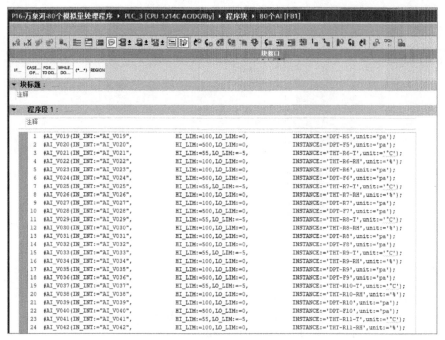

图 5-7　程序文本复制到 PLC 软件中

由于篇幅有限，故只复制了其中的前几行，而实际项目中即使模拟量庞大，只要数据表格规范完整，这些工作量都可以瞬间完成的。

假设有 8000 个数据，项目所控制的 PLC CPU 至少有几十个，那么只需要在数据表中标明 CPU 的标识，程序生成后按标识复制到相应的 CPU 中即可，不需要任何循环。

用循环语法处理模拟量往往只在意了调用部分，而忽略了参数的输入部分的工作量，但这其实才是工作量最大的。

模块参数的给定、物理通道的给定等，最方便的方式恰恰是通过 FB 调用的实例化时给定，因为可以在一行程序语句里一次性完成。如果只为了循环调用，那么留给数据整理部分的工作量反而增加了，而且分散到整个程序的多个角落，使得查错、维护都成了问题。

5.4 ［万泉河］解读一个比较循环法与［万泉河］80 模拟量例子的程序

作者的《"万泉河"优雅的 PLC 程序一定是用 Excel 写出来的》一文中介绍了如何用 Excel 做出 80 个模拟量转换程序。下面从原理开始讲解。原始的优雅程序在 PLC 程序中如图 5-8 所示简单罗列调用。

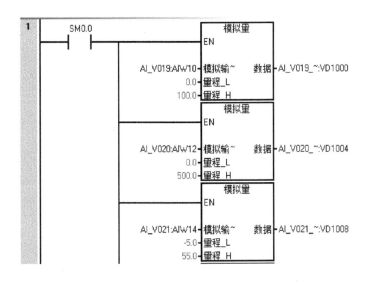

图 5-8 罗列调用

后面的数据结果是 VD1000，VD1004、VD1008 是有地址规律的数据，可以用指针、间接寻址或者数组的方式给序列化。具体方法取决于所使用的 PLC 平台支持情况，比如 S7-200 SMART PLC 就可以用指针。

先将 VD1000 指针化，送到 LD22 中，循环中调用一次数值送到 LD22 指向的地址，执行完成之后指针增加 4，即指向了 VD1004，下一周期即处理了第二个模拟量数据。如此循环 80 次，即只使用区区 5 ～ 6 行语句就实现了所有模拟量的处理，而如果数量有改变，比如改为 800 个，也只需将上面的循环数由 80 改为 800 即可，如图 5-9 所示。

然而事情其实并非如此简单，不仅输出侧变量需要序列化，输入侧的变量也同样需要。首先，量程上下限对每一个测量点来说都不一样，那么就无法使用固定值，即也需要做成变量组，而输入的模拟量通道地址也不会是完美连续的，比如有时候数据来自通信，有时候部分数据直接来自 VW。因此需要对这些数据做 IO 映射处理，即模拟量通道部分分配了 VW2000 开始的数据区，量程上下限则分别分配了 VD3000、VD4000 的数据区，分别传送到指针 LD10、LD14、LD18 中。

所以，真实可用的程序如图 5-10 和图 5-11 所示。

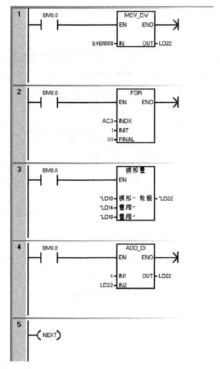

图 5-9　循环调用

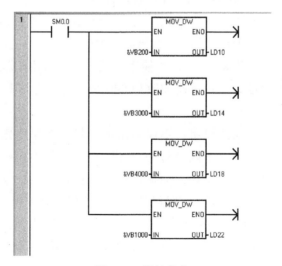

图 5-10　指针定义

程序行数略有增加，可忽略不计。

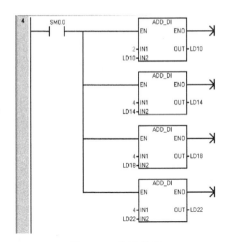

图 5-11　指针偏移

　　然而 IO 映射就没有那么容易了，因为地址并不能保证规则连续，所以必须逐行用 MOVW 指令来传送，如下：

MOVW　AI_V064：AIW100，VW2090
MOVW　AI_V065：AIW102，VW2092
MOVW　AI_V066：AIW104，VW2094
MOVW　AI_V067：AIW106，VW2096
MOVW　AI_V068：AIW108，VW2098
MOVW　AI_V069：AIW110，VW300
MOVW　AI_V070：VW2，VW302
MOVW　AI_V071：VW4，VW304
MOVW　AI_V072：VW6，VW306

　　在这里只是截取了 80 行程序的中间部分，可以看到数据地址是不规则的。

　　而量程上下限的常数值同样可以用 MOVD 方法实现，也可以直接定义到数据块中，数据块增加 2 个表量程 L 和量程 H，录入数据分别如图 5-12 和图 5-13 所示。

图 5-12　量程 L

图 5-13　量程 H

每个表分别是 80 行，80×3=240。

然而，这样的程序是不完整的，使用了的 V 区数据都需要做到符号表中，并分配符号名称，如同将 QOUT 分配到 V1000 一样。那么数据工作量就为 80*3=240 行。

这些数据，以及 MOVE 指令做 IO 映射的程序，都需要从 Excel 整理好之后复制过来。所以可以认为，其实数据块和符号表与程序基本相同的工作量都是程序的一部分。也就是说，程序的总量 480 行比不用循环的做法增加了 400 行。

然而，程序的 Excel 表格是一次性完成的，而这里需要把工艺变量表拆分到 6 个表中，整理好之后再分别复制 6 次。这里模拟量处理的输出部分恰巧是内部数据，所以可以是完整的序列，而其他类设备的输出部分也需要做 IO 映射，也仍然需要工作量。

这个循环法实现的程序同时还消耗了 V2000 ~ V4000 的 3000BYTE 的数据区，而且程序也仍然没有做到彻底标准化。比如，1000 个 BYTE 只能存放 250 个浮点数数据，即如果真的要处理 800 个模拟量，则可不是仅仅把 80 改为 800，而是所有数据区规划都需要更改，因为原本的规划区已经不够用了。

反观，如果只是 8 个模拟量的程序，却浪费了 3000 个数据区的程序，那么也需要优化修改。所以针对每一个新项目，都需要根据实际的模拟量数量重新做数据区优化规划。

5.5 ［万泉河］80 模拟量例子程序升级版 V2.0

在 PLC 程序中，除了必要的数学算法必须用循环之外，在调用实例环节没有必要使用循环的理念，作者的文章《"万泉河" PLC 编程中的循环语法使用》就曾阐述过。

为了证明为什么会用间接寻址，而没有使用循环法来做，我又写了文章《0825 "万泉河"设计工作中服务与被服务》，解释了工程项目中的分工原则，正常情况下，IO 点表并不是规律整齐的，反而不整齐、不规则才是常态。不能要求设计工程师在分配点表时而过度分心去为后面的编程方便而做额外的工作。

我指的点表不仅仅是模拟量，而是所有点表，包括电机设备、阀门等所有类型的点表都应该是有规律的，都能实现循环、快捷调用的。否则仅仅是基本模拟量做了循环，其他设备类型还是照样会乱作一团。

下面再将这个例子完善一下，模拟量的数量仍然是 80 个，而数据类型有 4 ~ 20mA 电流信号，也有 RTD 温度信号，即使用了专用温度模块。温度模块的特点是不再通过上下限线性变换，而是整数值中直接带有 1 ~ 2 位小数，这里默认带 1 位小数。

而对 SMART 来说，AIW 数据区范围无法容纳 80 个模拟量，所以采用了一部分第三方的远程 IO 卡件，以通信方式来读数据。比如零点自动化公司的 AI 卡件，以 MODBUS TCP 协议通信得到。

每个公司的卡件、模数转换时，上下限定义各不相同。比如 S7-200 SMART PLC 中 20MA 对应的上限值为 32000，而零点模块为 27648，这一点与 S7-1200/1500 和 S7-300 相同。所以这次升级版的例子中，模拟量处理的模块增加了两个，分别是温度模块，用于本地的 S7-200 SMART PLC RTD 卡件和远程的零点的 3 通道 RTD 卡件；而零点专用块用于处理零点的 4 ～ 20mA 模拟量信号，上限由 32000 改为 27648，如图 5-14 所示。

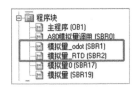

图 5-14　增加的模拟量块

在前面版本的程序基础上稍作修改之后，程序调用过程如图 5-15 所示。

```
2   CALL   模拟量, AI_V019, 0.0, 100.0, AI_V019_QOUT
    CALL   模拟量, AI_V020, 0.0, 500.0, AI_V020_QOUT
    CALL   模拟量, AI_V021, 0.0, 100.0, AI_V021_QOUT
    CALL   模拟量, AI_V022, 0.0, 500.0, AI_V022_QOUT
    CALL   模拟量, AI_V023, 0.0, 500.0, AI_V023_QOUT
    CALL   模拟量, AI_V024, 0.0, 100.0, AI_V024_QOUT
    CALL   模拟量, AI_V025, 0.0, 500.0, AI_V025_QOUT
    CALL   模拟量, AI_V026, 0.0, 100.0, AI_V026_QOUT
    CALL   模拟量_RTD, AI_V027, AI_V027_QOUT
    CALL   模拟量_RTD, AI_V028, AI_V028_QOUT
    CALL   模拟量_RTD, AI_V029, AI_V029_QOUT
    CALL   模拟量_RTD, AI_V030, AI_V030_QOUT
    CALL   模拟量, AI_V031, 0.0, 100.0, AI_V031_QOUT
    CALL   模拟量, AI_V032, 0.0, 100.0, AI_V032_QOUT
    CALL   模拟量, AI_V033, 0.0, 500.0, AI_V033_QOUT
    CALL   模拟量, AI_V034, 0.0, 100.0, AI_V034_QOUT
    CALL   模拟量, AI_V035, 0.0, 100.0, AI_V035_QOUT
    CALL   模拟量, AI_V036, 0.0, 500.0, AI_V036_QOUT
    CALL   模拟量, AI_V037, 0.0, 100.0, AI_V037_QOUT
    CALL   模拟量, AI_V038, 0.0, 100.0, AI_V038_QOUT
    CALL   模拟量_RTD, AI_V039, AI_V039_QOUT
    CALL   模拟量_RTD, AI_V040, AI_V040_QOUT
    CALL   模拟量_RTD, AI_V041, AI_V041_QOUT
    CALL   模拟量_RTD, AI_V042, AI_V042_QOUT
    CALL   模拟量_odot, AI_V043, 0.0, 500.0, AI_V043_QOUT
    CALL   模拟量_odot, AI_V044, 0.0, 100.0, AI_V044_QOUT
    CALL   模拟量_odot, AI_V045, 0.0, 100.0, AI_V045_QOUT
    CALL   模拟量_odot, AI_V046, 0.0, 500.0, AI_V046_QOUT
    CALL   模拟量_odot, AI_V047, 0.0, 100.0, AI_V047_QOUT
    CALL   模拟量_odot, AI_V048, 0.0, 100.0, AI_V048_QOUT
    CALL   模拟量_odot, AI_V049, 0.0, 500.0, AI_V049_QOUT
    CALL   模拟量_odot, AI_V050, 0.0, 100.0, AI_V050_QOUT
    CALL   模拟量_odot, AI_V051  0.0  100.0  AI_V051_QOUT
```

图 5-15　程序调用

注意：由于其中对温度信号使用了专用 RTD 模块，所以对 IO 表顺序做了调整。卡件使用的顺序为普通模拟量模块和 RTD 模块交替使用，便于与工艺现场对接。比如这次修改了变量表之后，生成的数据如图 5-16 所示。

E	F	G	H
AI	pa	0	100
AI	pa	0	500
AI	%	0	100
AI	pa	0	100
AI	pa	0	500
AI	%	0	100
AI	pa	0	100
AI	pa	0	500
AI	° C	−5	55
AI	° C	−5	55
AI	° C	−5	55
AI	° C	−5	55

图 5-16　数据表

5.6　PLC 编程中的高内聚与低耦合

标准化编程的目的以及最终呈现的结果，对应到 IT 行业的专业词汇就是高内聚，低耦合。这个概念对工控行业的工程师来说比较生疏，作者以前有文章专门介绍过，本节仅引用。

《[万泉河] 论 PLC 编程中的高内聚与低耦合》

高内聚低耦合是软件工程中的概念，主要源自于面向对象的程序设计中的原则。我们在推广标准化编程的过程中，不可避免地也遵循了这样的原则。

如果不是专业的 IT 程序员，而只是工控行业做自动化 PLC 编程的电气工程师，可能不会明白这与自己做的 PLC 编程有什么关系，或者说不知道这些理念如何能应用到自己日常的 PLC 程序设计中。

这里则试图以最浅显的语言解释高内聚低耦合的原理，并以此约定 PLC 标准化编程的基本原则。

何为内聚，何为耦合？

映射到 PLC 编程中，最简单的解释是逻辑部分即为内聚，而调用逻辑（即对象实例化）的过程，即为耦合。而高内聚低耦合的意义则为承载逻辑部分的功能要尽量地复杂完备，而负责调用逻辑块的部分要尽可能地简单，最好是没有逻辑。当简单到没有任何逻辑的时候，所谓的耦合，即调用的部分存在的目的只是实现了参数（实参）的绑定，即所有引脚的绑定实际参数，必须是正值。

举一个例子，比如一个电机设备，可能会有允许起动的起动条件，和禁止起动的互锁条件，这两种条件的本质是互相取反的。过去通常的做法是在设备允许起动的引脚上，绑上起动条件，而同级别的另一个设备，工艺要求的是一些禁止起动的互锁条件，那么就将变量取反，同样输入到允许起动的引脚了。

　　这里给出的原则建议是：不允许。理由是假设系统足够庞大，点数特别多，那么通常会由多人共同完成项目。复杂的逻辑部分，通常由主设工程师负责，而相对简单的部分，可以安排实习生或者助理工程师来完成。主要是数量庞大的对点、绑点、查线、消缺等工作。在没有逻辑需求的情况下，如果只是简单绑点，那么新手可以简单复制替换，或者复杂一点使用 Excel 或者小的自动工具完成。而如果有上千台设备，同样的引脚的位置，有的需要正逻辑，有的需要反逻辑，还偶尔有一点点并联和串联，那么就会出现因不熟悉工艺和逻辑导致出错，或者无从下手的问题。

　　简单地讲，高难度的，主任工程师做的工作，就叫内聚；低难度的，新手实习生就可以做的工作，就叫耦合。

　　而对于产品开发，其实也同样存在高内聚与低耦合的逻辑。一个好的产品开发，一定是高内聚低耦合的，即其内部的功能可以很强大，但留给使用者的接口非常简单，使用者不需要非常懂得产品的原理便可以轻松地使用。

第6章

符号寻址

S7-200 SMART PLC 支持符号表，可以使用符号寻址模式进行编程。然而，所谓符号寻址，并不仅仅是增加了一个对人更友好的助记符。尤其对于 SMART 这种系统功能并不够强大的小型 PLC 平台，掌握符号寻址，用好其中的一些技巧，有助于快速地实现一些程序设计功能，提高工作效率。

6.1　符号寻址的基本功能

在 SMART 编程软件中有两种编程模式，分别为绝对寻址和符号寻址，并随时可以在两种模式之间进行切换。切换方法是使用"视图"（View）菜单功能区的"符号"（Symbols）区域中的按钮选择模式：仅绝对地址、仅符号地址、符号和绝对地址，如图 6-1 所示。

图 6-1　符号寻址

记住这几个命令的图标，其实在程序编程窗口也有同样的寻址模式切换的按钮。而在符号表和变量表的工具栏中，也有"将符号应用到项目"的快捷按钮，可以实现同样的功能。

首先，建立一个符号表，写一段简单示例程序。单击符号信息表，将当下段落使用的变量信息表附着显示在程序下部，符号寻址编程 1 如图 6-2 所示。

切换到"仅绝对"，符号寻址编程 2 如图 6-3 所示。

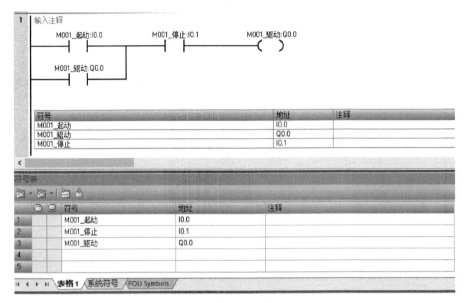

图 6-2　符号寻址编程 1

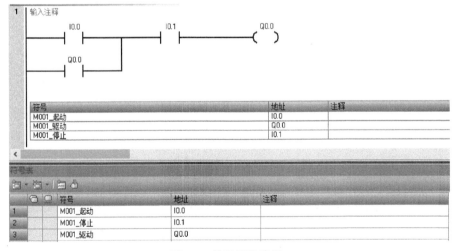

图 6-3　符号寻址编程 2

　　修改符号表中变量的地址，并单击"将符号应用到项目"按钮，符号寻址编程 3 如图 6-4 所示。

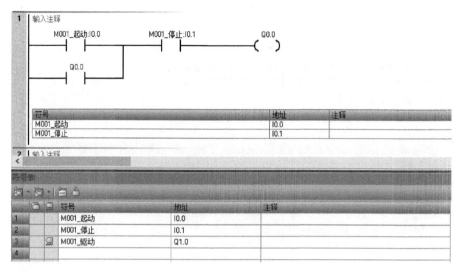

图 6-4 符号寻址编程 3

可以看到，更新后，改动部分的变量提示为程序中未使用，程序中显示模式自动变为"符号：绝对"，然而修改后原绝对地址的变量没有符号名了。

退回，修改符号名，同样操作则程序中的符号名更新，地址不变。符号寻址编程 4 如图 6-5 所示。

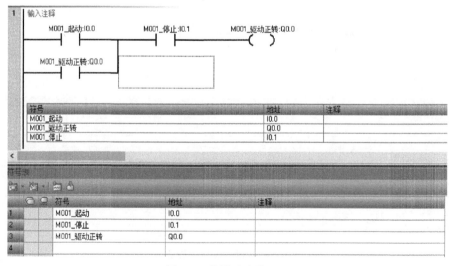

图 6-5 符号寻址编程 4

而如果符号表完成，则只修改程序，在"符号：绝对"模式下，不管修改符号还是地址，另外一部分都自动更新，切换到另一个变量。符号寻址编程 5 如图 6-6 所示。

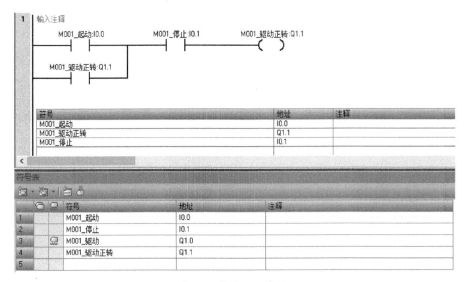

图 6-6　符号寻址编程 5

再做尝试，在"仅符号"模式，修改符号表中变量的地址，更新后显示模式不变，然而附着部分的符号表提示，变量地址已经更换了。符号寻址编程 6 如图 6-7 所示。

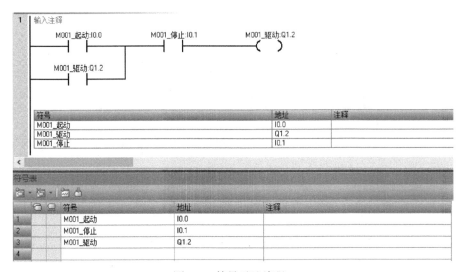

图 6-7　符号寻址编程 6

而在符号模式，如果修改了符号表中符号名，则更新后程序部分报错，因为找不到对应的变量了，符号寻址编程 7 如图 6-8 所示。

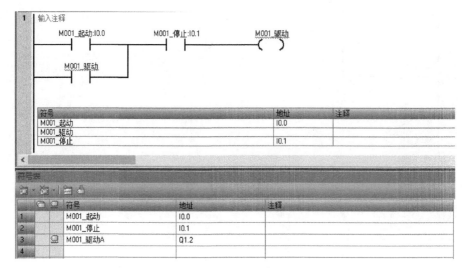

图 6-8　符号寻址编程 7

结论：

1）绝对寻址和符号寻址模式切换只对编程环境中有用，而在 CPU 中不存在。

2）设置为何种模式在编程时不起作用，只在后续程序或变量需要修改时起作用。

3）通过设置不同模式，可以实现不同的效果。

4）如果设置的模式不合理，则会带来错误。

6.2　SBR 子程序中的符号寻址

通过测试可以发现，在 SBR 子程序中的形式参数变量的编程遵循的规则与 6.1 节的全局变量符号表的规则完全一样。

由于最终的目标是程序模块化，那么所有逻辑功能都需要在 SBR 内实现完成。所以了解和熟悉在 SBR 子程序内的符号寻址的规律，并利用好其规律，方可更好地服务于设计工作。

下面来看一下在 SBR 内实现相似功能的程序逻辑，SBR 符号寻址如图 6-9 所示。

原本的变量变成了变量表上的接口，绝对地址以 L 标识。在程序中，形参变量名前面自动增加了 # 标识。前面曾介绍过 SBR 变量接口改变后导致调用部分程序错误的处理方法。当时的 SBR 中没有逻辑，然而现在在 SBR 中有程序逻辑的情况下，接口变更带来了更多问题。比如，希望修改上面的 SBR 的接口，

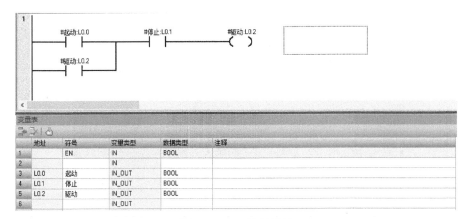

图 6-9　SBR 符号寻址

增加一个"故障"信号，插入在"停止"之后，在符号寻址模式下，直接修改是没有问题的。但如果效仿前面章节的方法，将 SBR 导出为 AWL 文件（见图 6-10），然后在记事本打开 AWL 文件后修改会发现，程序重新导入之后，逻辑就错了，如图 6-11 所示。

图 6-10　导出 AWL 文件

其实从导出的 AWL 文件中就可以看出程序导出后，在 AWL 文件中，程序的逻辑部分是绝对地址寻址的，而变量表反而是符号寻址的。

地址	符号	变量类型	数据类型	注释
	EN	IN	BOOL	
		IN		
L0.0	起动	IN_OUT	BOOL	
L0.1	停止	IN_OUT	BOOL	
L0.2	故障	IN_OUT	BOOL	
L0.3	驱动	IN_OUT	BOOL	
		IN_OUT		

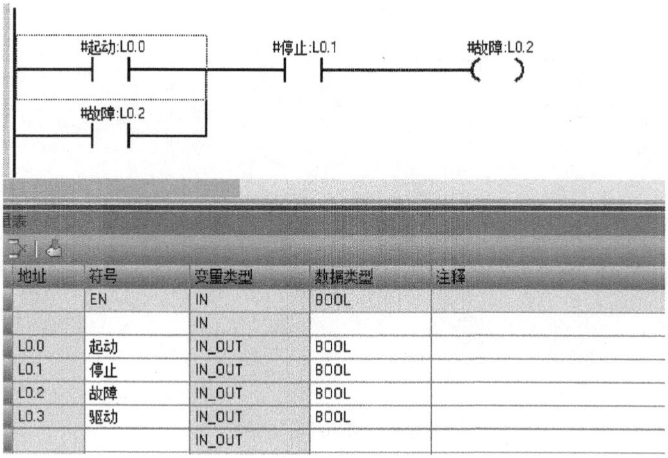

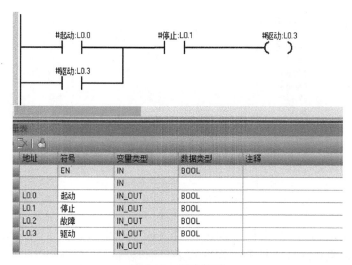

图 6-11　导入故障

如果程序结构内容修改比较多，那么确实需要借助导出的 AWL 文件来实现便捷修改，然而又不希望逻辑部分带来太多的错误，还需要逐行逻辑检查和修正带来的隐患，因此可以采取的方法是：在导出 SBR 之前，先将其另外复制一份，所有内容复制到另一个 SBR 中，然后再导出和导入 AWL。导入之后，删除所有程序逻辑，只留下变量表，然后在符号寻址下，将备份 SBR 中的所有逻辑复制粘贴到原块中。

这样至少保证了原逻辑部分不会错乱丢失，之后再将新增加或减少的引脚的相关逻辑补齐，正确复制如图 6-12 所示。

地址	符号	变量类型	数据类型	注释
	EN	IN	BOOL	
		IN		
L0.0	起动	IN_OUT	BOOL	
L0.1	停止	IN_OUT	BOOL	
L0.2	故障	IN_OUT	BOOL	
L0.3	驱动	IN_OUT	BOOL	
		IN_OUT		

图 6-12　正确复制

可以看到,"驱动"引脚的地址被自动排位分到正确的地址 L0.3 了。

6.3 控制字拆位中的符号寻址

在实际设备控制中,特别是通过 HMI 控制的设备接口,通常会规划设计控制字和状态字,通过将所有指令聚合到一个控制字中实现标准化。

然而当面对控制字的拆分时,就不可避免地带来了问题。比如将 6.2 节的 SBR 中的设备起动和停止指令改为通过控制字下发,替代了原本的单个引脚,控制字的定义见表 6-1。

表 6-1 控制字定义

BIT0	停止
BIT1	起动
BIT2	手动模式
BIT3	自动模式
BIT4	复位

那么,同样段落,修改后的程序逻辑应该如图 6-13 所示。

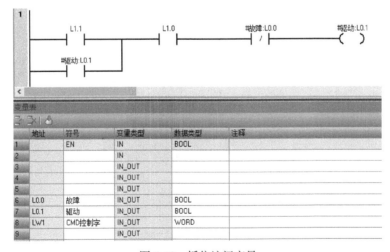

图 6-13 拆位访问变量

控制字之中的"起动"和"停止"信号分别对应了 L1.1 和 L1.0,所以在拆位后程序中直接使用了。然而变量拆位之后不再有对应的符号名,显而易见导致程序变得难读懂了。

这里还没考虑高低字节顺序的问题,如果严谨地按位的定义,那么程序中使用的地址应该是 L2.1 和 L2.0，这样就更乱了。

然后，这样的程序块如果再遇到接口变更的需要，又增加了变量形参，则会导致控制字本身的绝对地址都发生变化，前面的方法也不再管用了，使得程序的修改变得极其复杂，这是我们不希望看到的。

总结：编写 PLC 程序的目标不仅仅是实现功能，而且要保证程序可读性好，易升级，易维护。提高技能方法，减少升级维护过程中的出错概率，也是提高设计效率的一部分。

6.4　好的拆位访问方法

好的拆位访问方法是在变量的 TEMP 区，按位顺序再原样建立起一套 BIT 变量，控制字拆位见表 6-2。

表 6-2　控制字拆位

1	TEMP 数据区中增加了 CMD 控制字的 16 个位，也交换了高低位次序	
2	SBR 第一段对控制字拆位	

（续）

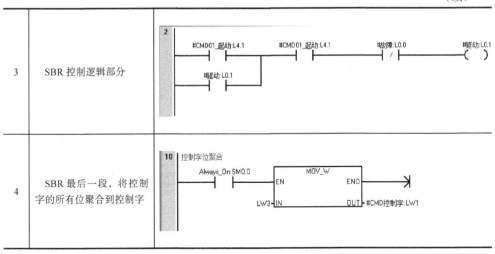

| 3 | SBR 控制逻辑部分 | |
| 4 | SBR 最后一段，将控制字的所有位聚合到控制字 | |

这里再次应用了前处理 + 后处理的方法，实现了对数据的映射。

由此实现了拆位后程序的易读性。在 SBR 的程序逻辑内部，对这些 TEMP 变量的读写访问，对应的其实就是控制字的值。

程序中使用了 LW3，这依然是绝对地址，在接口变更的情况下，仍然会有可能产生错误。只不过总量已经很小，只需要在修改时稍加注意检查即可。

如果有更极致的要求，即使这一个绝对地址的访问都不希望看到，则可以另外编制专用的拆位和聚合程序功能块实现。

6.5 字拆位 WORD_TO_8BIT

如果可以，那么希望最好能一步到位，从一个字 WORD 拆分到 16 个 BIT，然而因为前文所述 SBR 引脚数量有限制，如果要拆分到 16 个 BIT，引脚数量就要 17 或者 18 个，超出了限制，所以只能分批次，一次拆出 8BIT，通过二次拆分和聚合，实现 16 个 BIT 的拆位。

建立新的程序块 SBR：WORD_TO_8BIT，其中方向代表两种拆位和聚合相反方向的数据传递，即方向 =1 为拆位，方向 =2 为聚合。

序号则用于选择字节的高低字节，序号 =1 为第一个字节，序号 =2 为第二个字节，如下：

1	变量表； 方向 =1 为拆位，方向 =2 为聚合 序号则用于选择字节的高低字节，序号 =1 为第 1 个字节，序号 =2 为第 2 个字节	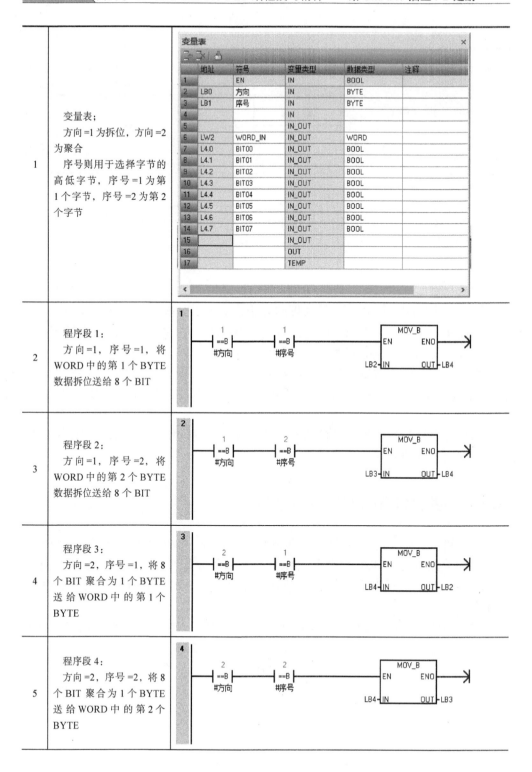
2	程序段 1： 方向 =1，序号 =1，将 WORD 中的第 1 个 BYTE 数据拆位送给 8 个 BIT	
3	程序段 2： 方向 =1，序号 =2，将 WORD 中的第 2 个 BYTE 数据拆位送给 8 个 BIT	
4	程序段 3： 方向 =2，序号 =1，将 8 个 BIT 聚合为 1 个 BYTE 送 给 WORD 中的第 1 个 BYTE	
5	程序段 4： 方向 =2，序号 =2，将 8 个 BIT 聚合为 1 个 BYTE 送 给 WORD 中的第 2 个 BYTE	

（续）

6	调用程序中前处理部分的逻辑改为图示，实现了数据的拆位	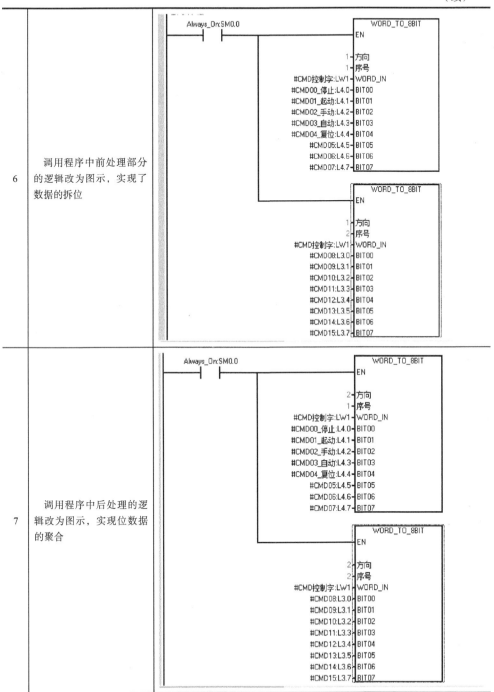
7	调用程序中后处理的逻辑改为图示，实现位数据的聚合	

总结：通过前处理和后处理中分别两次调用 WORD_TO_8BIT，实现了对一个 WORD 数据的拆位和聚合。如果需要拆位的为双字 DWORD，则只需要同理调用四次。

可以看到前处理和后处理的程序参数基本相同，所以在程序的实际编写时，可以在前处理完成后，直接复制到后处理的段落，然后只将方向参数简单从 1 修改为 2 即可。程序的架构应尽可能方便设计过程，这也是一个重要的课题。

不仅仅是西门子，也不仅仅是 S7-200 SMART PLC，所有的 PLC 在做模块化软件编程时，都不可避免地遇到字的拆位和聚合的问题。各品牌的语法不一样，有的可以直接用 SLICE 访问的语法，而有的则需要如 SMART 一般通过编程自定义的子程序来实现。

第7章

指针应用

S7-200 SMART PLC 整体系统功能比较简单，不支持自定义数据类型（UDT），也不支持数组，在第 6 章中为拆位而建立的控制字的 16 个位只能是逐个排列。而如果能支持 UDT，则可以直接定义为 UDT，程序的结构就更加合理了。

在程序块参数传递方面，如果能支持 UDT，或者可以用 UDT 传送参数值，那么也会比现在要简单得多。但现在受困于系统平台的功能限制，就需要掌握更多更细致的工具原理。遇到一些功能需求时，可以通过灵活运用现有的工具方法来近似实现。

这里的重点首先是指针。在前面的功能实现中已经用过了指针，然而是建立在读者已经对指针有一些了解的前提下，或者即便还不够了解，使用简单抄录代码也能暂时实现功能。

本章将对 S7-200 SMART PLC 的指针原理和应用进行专门的解读，掌握后有利于后续需要时应用。

7.1　指针使用的基本方法

指针也称为间接寻址。在系统手册中的举例如下：

MOVD &VB200,AC1

即创建了地址指针，指向 VB200 的地址。这个位置的地址比较复杂，因此我们还是先直接读 VB0 的地址，如下：

MOVD &VB0,AC1

通过监控 AC1 的值，发现其值为 16#08000000。说明 08 是 V 区数据的标识，而其他类型的数据标识，如 I、Q、M、S、T、C 等也都可以同样方法获取，见表 7-1（来自系统手册）。

表 7-1　各数据类型指针标识

数据类型	地址标识
&VB	16#08
&IB	16#00
&QB	16#01
&MB	16#02
&SB	16#03
&T	16#09
&C	16#0A

手册中所读取的 VB200 的地址指针的值会是 16#080000C8。其中，十六进制的 C8 就是十进制的 200，所以可知地址指针的规律就是区域标识符 + 偏移量。

而要读取某个地址的数值或给某个地址赋值，可以直接访问上面存放指针的 AC1，格式为 *AC1，比如：

> MOVD &VB0，AC1
> MOVD 1234，*AC1
> MOVD *AC1，AC0

分别实现了将数值 1234 赋值给 VD0，而后又从 VD0 读取送到了 AC0。所以在定义地址指针时，数据本身的类型是不重要的，都是只获取其首字节的地址。比如在建立指针时如果尝试输入 &VD0，则系统会自动地更改为 &VB0。另外测试发现，建立指针时，存储到 AC1 ~ AC3 是可以使用的，但 AC0 不可以。在使用 *AC0 时语法报错，其他类型的存储区都正常。

7.2　指针应用：隐藏真实物理通道地址

有一些特殊行业应用中，会遇到需要通过 HMI 灵活配置 IO 地址的需求，实现方法就是使用地址指针，即通过地址标识 +HMI 组态的偏移量，实现了物理通道的自由变换。也有一些工程师会使用地址指针来隐藏其真实使用的物理通道。输入地址映射，如图 7-1 所示。

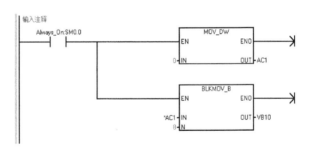

图 7-1　输入地址映射

首先将 AC1 清零，按照表 7-1 所示，地址区域标识为 0 时，即为 I 区，所以得到了 IB0 的地址。

使用 BLKMOV 指令，批量传送 8 个 BYTE 到 VB10 中，即实现了将 I0.0 ～ I7.0 的所有数据映射到 VB10 ～ VB17 的 8 个 BYTE 内。当程序中使用 V10.0 时，按照正常的交叉索引功能，读者是不会联想到其实数值来自 I0.0，其实还可以将后端的 VB10 也指针化处理，如图 7-2 所示。

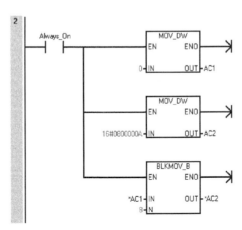

图 7-2　指针化处理

先将 VB10 的地址 16#0800000A 赋值给 AC2，然后设 BLKMOV_B 的目标为 *AC2，则同样实现了上述的功能。如果用十进制的 134217738 来赋值，则基本上无人知晓其中含义了。最后的效果便是程序通篇看不到对 VB10 的赋值，然而却能从 VB10 中读取到数据。

7.3　BLOCK_MOVE 指令中的指针应用

7.2 节的示例中使用了 BLKMOV 指令，其传送的源地址是指针，代表了数据区的首地址，没有任何问题，而目标地址的 VB10 则有点不太一样。测试证明其本质相当于指针，如图 7-3 所示。

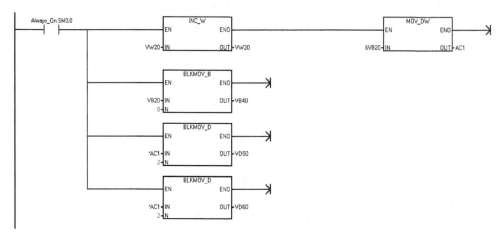

图 7-3   3 种方式 BLKMOV

3 种方法实现了同样的数据传送，实现结果为 VB40、VD50、VD60 中的数据全部与 VW20 同步。由此证明 BLKMOV 功能块的输入、输出引脚本质上就是指针数据类型，当数据格式非指针时会自动获取其指针，而当数据类型为 TEMP 数据时，虽然使用指针不被支持，但可以直接使用 LBx 的地址。

7.4 地址指针作为 SBR 子程序的参数

直接做一个 SBR 示例演示，变量表如图 7-4 所示。

	地址	符号	变量类型	数据类型
1		EN	IN	BOOL
2	LD0	PNT	IN	DWORD
3			IN	
4			IN_OUT	
5			OUT	
6	LD4	DWORD1	TEMP	DWORD
7	LD8	DWORD2	TEMP	DWORD
8	LD12	REAL1	TEMP	REAL
9	LD16	REAL2	TEMP	REAL
10	LD20	REAL3	TEMP	REAL
11			TEMP	

图 7-4   变量表

变量表中 IN 引脚 PNT 为 1 个 DWORD 变量，用于绑定指针。TEMP 区域中 2 个 DWORD+3 个 REAL 变量，代表 1 个数据结构。现在尝试通过指针读取获得整个数据结构的映射。前处理如图 7-5 所示。

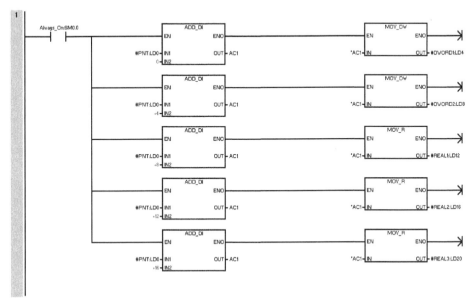

图 7-5　前处理

前处理中将地址指针逐个偏移后得到数据值。后处理如图 7-6 所示。

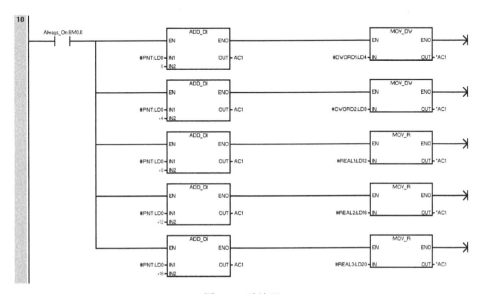

图 7-6　后处理

73

后处理中逐个偏移，并将内部变量数值传出。符号表实参数据如图 7-7 所示。

	符号	地址
1	U1_DWORD1	VD100
2	U1_DOWRD2	VD104
3	U1_REAL1	VD108
4	U1_REAL2	VD112
5	U1_REAL3	VD116
6	U2_DWORD1	VD200
7	U2_DOWRD2	VD204
8	U2_REAL1	VD208
9	U2_REAL2	VD212
10	U2_REAL3	VD216

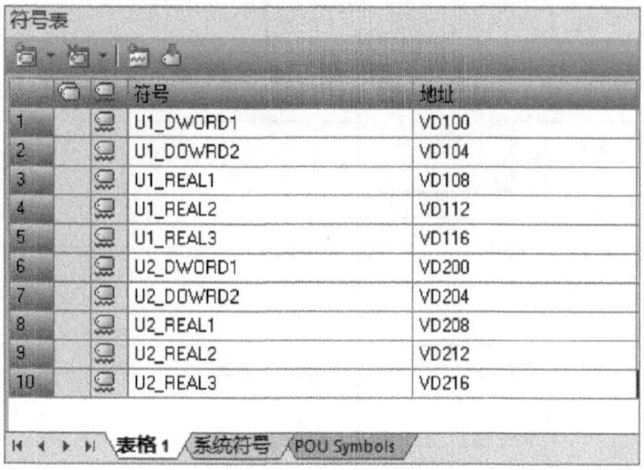

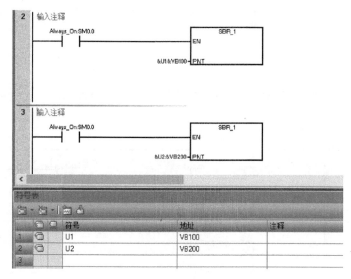

图 7-7　符号表实参数据

符号表中定义了 2 套数据。调用 2 次如图 7-8 所示。

图 7-8　调用 2 次

SBR 调用 2 次，实参分别绑定了 2 套数据的指针。

解读：

1）程序调用中分别将符号表中的实参数据映射到 SBR 中，并实现同步。

2）全局变量中定义的数据虽然被程序中访问，但符号表提示变量未使用。

3）交叉引用查询也查不到相应的使用。

4）只有对 VB100 和 VB200 分别定义了符号之后，调用程序时才显示符号名。

5）数据指针虽然通过 IN 引脚传递进来，然而其指向的数据可以读也可以写入数值。

6）所有数据原本通过 BLKMOV 指令也可以一步到位完成传送，但这里逐个数据传递的目的是展示如果不建立内部 TEMP 变量，只通过定位指针偏移量，直接访问每一个数据也是可以的。

指针传递方法在功能实现上确实没有问题，但其缺点是在 SBR 使用时接口的友好性太差，需要使用者十分熟悉 SBR 内部的逻辑功能，通常只能开发者自己使用。所以在普通的程序块调用逻辑，设备的实例化中并不建议使用这种方法扩展数据变量。即便浮点数数量非常多时也不建议如此使用，而是会有另外的方法实现。

使用指针传递一整套数据的方法实质上是传递了一套数据结构，相当于其他高级平台中的 UDT，只适合于程序块之间需要直接数据结构对接时，而更多的应用场景是用于 PLC 与 HMI 以及 SCADA 变量通信的场合。在上位机上可以通过建立结构变量，以及与 PLC 中模块对接的上位机模板实现通信数据的模块化。由于上位也是模块化封装的，因此不需要时刻对数据结构有解析的需求。

第 8 章

字符串的使用

S7-200 SMART PLC 支持字符串数据类型，甚至在前一版本 S7-200 中就已经支持了。然而长久以来，整个行业对 PLC 的定位基本上还是用于实现继电器逻辑，或仅仅实现一些数值计算功能甚至浮点数计算，所以即便 PLC 中已经具备了字符串数据类型的功能，也很少有需求用到。通常仅在自由口通信，数据通信协议会有一部分字符串数据需要进行些格式转换。因此，在大部分的入门参考书籍中，都很少介绍字符串功能，主要是因为没有更多的应用需求。

与第 7 章的指针应用相似，在模块化架构下编程时，字符串的支持作为一项技术能力，灵活掌握之后可以有利于提高编程设计效率。所以有必要加以重视，充分了解掌握其功能，以便有需要时使用。

8.1 为什么要在 PLC 程序中使用字符串

在 PLC 刚刚诞生时，由于 PLC 中的存储资源比较少，所以开始的时候不支持字符串。多年来养成的习惯是字符描述部分的内容都不放在 PLC 中，而是在触摸屏组态过程中，与过程变量对应，在画面中逐个对应输入。

然而 PLC 系统已经更新换代了无数次之后，资源和性能也已经有了无数倍的提高，还固守传统的认知注定是要落伍的。就像曾经 PLC 中也不支持浮点数，为了节省资源还曾经大量使用整数带几个小数位来实现对实数的表达。然而时过境迁，现在使用浮点数直接进行运算和传输已经成为常态。因此，对于字符串的认知也应该提高了，即便暂时在某些场景下资源有可能不够用，但至少应该掌握这种技能，以便在需要时可以派上用场。

8.2　字符串数据类型介绍

由于字符串数据类型比较特殊，下面从基本概念开始介绍。

在 S7-200 SMART PLC 中，字符串数据的格式是由长度＋字符内容组成的，即第一个 BYTE 的内容为长度，而紧随其后的则为字符内容。如果长度部分的内容变化，则超出长度之后的内容不在字符串表达的范围内，如图 8-1 所示。

数据	ASCII 常数字符串输入的编辑器支持	有效地址示例	内存映射 用于双引号格式的前导长度字节						
			VB0	VB1	VB2	VB3	VB4	VB5	VB6
"A"	程序和数据块	VB0	1	A					
"AB"	程序和数据块	VB0	2	A	B				
"ABC"	程序和数据块	VB0	3	A	B	C			
"ABCD"	程序和数据块	VB0	4	A	B	C	D		
"ABCDE"	程序和数据块	VB0	5	A	B	C	D	E	
"ABCDEF"	程序和数据块	VB0	6	A	B	C	D	E	F

图 8-1　字符串定义

做一个简单的没有任何逻辑的程序，数据块中定义数据如图 8-2 所示。

图 8-2　数据块

下载到 CPU 后，状态图表中监控数值如图 8-3 所示。

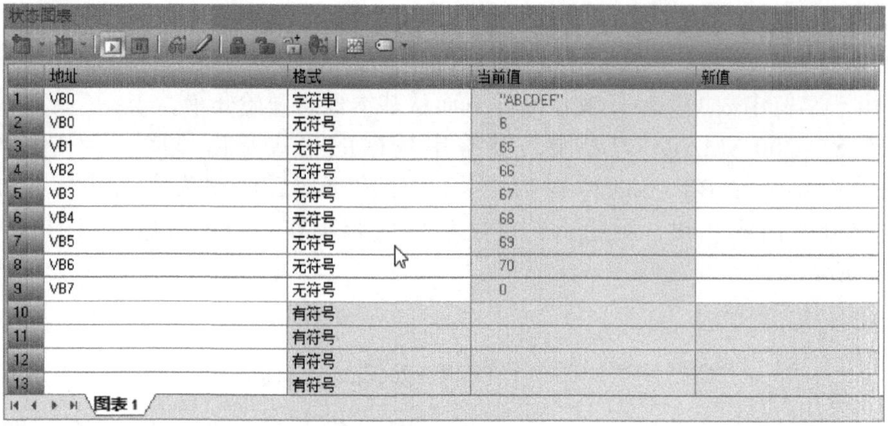

状态图表

	地址	格式	当前值	新值
1	VB0	字符串	"ABCDEF"	
2	VB0	无符号	6	
3	VB1	无符号	65	
4	VB2	无符号	66	
5	VB3	无符号	67	
6	VB4	无符号	68	
7	VB5	无符号	69	
8	VB6	无符号	70	
9	VB7	无符号	0	
10		有符号		
11		有符号		
12		有符号		
13		有符号		

图表 1

图 8-3　状态图表

对 VB0 的监控要建立两次，第一次格式选择为字符串时，显示的当前值即为设定的字符串内容。后面显示为无符号的数值，长度值为 6，后续字符部分的值分别为这些字符的 ASCII 码。

将 VB1 开始的字符部分字节的格式修改为 ASCII 格式，如图 8-4 所示。

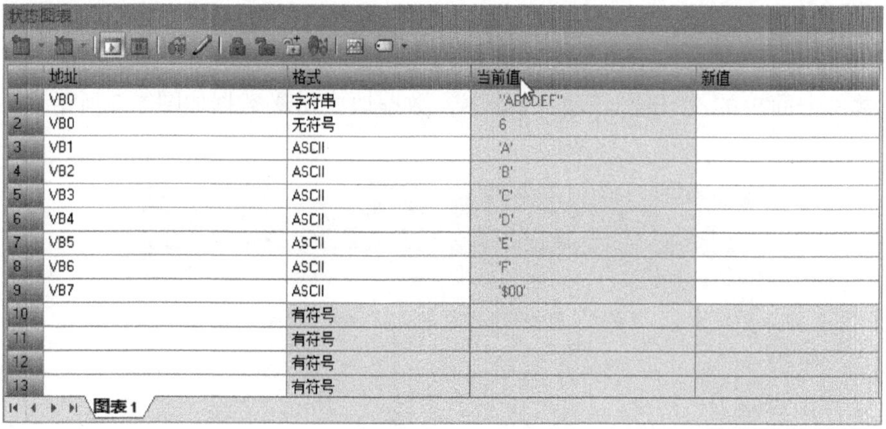

状态图表

	地址	格式	当前值	新值
1	VB0	字符串	"ABCDEF"	
2	VB0	无符号	6	
3	VB1	ASCII	'A'	
4	VB2	ASCII	'B'	
5	VB3	ASCII	'C'	
6	VB4	ASCII	'D'	
7	VB5	ASCII	'E'	
8	VB6	ASCII	'F'	
9	VB7	ASCII	'$00'	
10		有符号		
11		有符号		
12		有符号		
13		有符号		

图表 1

图 8-4　状态图表 ASCII 格式

字符内容显示为正常的字符，而其后的 VB7 原本数值为 0，在 ASCII 格式下，提示为 '$00'。

8.3 中文字符

也可以尝试在程序中使用中文字符，如图 8-5 所示。

	地址	格式	当前值	新值
1	VB10	字符串	"A烟台方法A"	
2	VB10	无符号	10	
3	VB11	十六进制	16#41	
4	VB12	十六进制	16#D1	
5	VB13	十六进制	16#CC	
6	VB14	十六进制	16#CC	
7	VB15	十六进制	16#A8	
8	VB16	十六进制	16#B7	
9	VB17	十六进制	16#BD	
10	VB18	十六进制	16#B7	
11	VB19	十六进制	16#A8	
12	VB20	十六进制	16#41	
13	VB21	十六进制	16#00	
14		有符号		

图 8-5 状态图表 ASCII 码

以 ASCII 格式显示 WORD，则可以显示中文，如图 8-6 所示。

	地址	格式	当前值	新值
1	VB10	字符串	"A烟台方法A"	
2	VB10	无符号	10	
3	VB11	ASCII	'A'	
4	VW12	ASCII	'烟'	
5	VW14	ASCII	'台'	
6	VW16	ASCII	'方'	
7	VW18	ASCII	'法'	
8	VW20	ASCII	'A$00'	
9		有符号		
10		有符号		
11		有符号		
12		有符号		

图 8-6 状态图表中文字符

通过汉字字符集编码查询工具查询，可以看到每一个中文字符对应的编码在监控表中的对应关系，如图 8-7 所示。

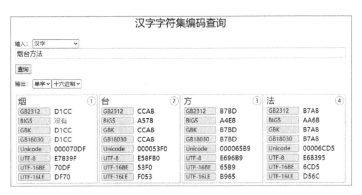

图 8-7 汉字字符集

中文汉字字符集有多个编码方式，如 GB 2312、GB 18030、Unicode、UTF–8 等。然而有的编码之间规则不同，所以编码不一样，但可以找到对应的编码并了解 PLC 中所使用的编码。

然后可以测试一下将字符串通信送到触摸屏，比如在 TIA PORTAL V16 中添加一个新设备 TP900，建立与 S7–200 SMART PLC 的通信。

建立 2 个 HMI 变量，类型为 StringChar，如图 8-8 所示。

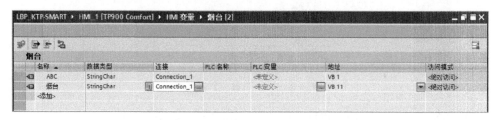

图 8-8　HMI 变量

注意：地址分别设置到首字节之后，即字符的首地址，而长度设置在变量的属性中手动输入。说明触摸屏中的变量类型和 PLC 中还不完全一样，这取决于触摸屏的品牌和型号。建立通信之后仿真运行，即在画面中正确显示了来自 PLC 中的字符串信息，如图 8-9 和图 8-10 所示。

图 8-9　HMI 变量属性

然而，这里的触摸屏型号是 TP，如果换做 KTP，英文字符尚可以正常显示，而中文字符则会显示为乱码，这是由触摸屏的型号和性能决定的。

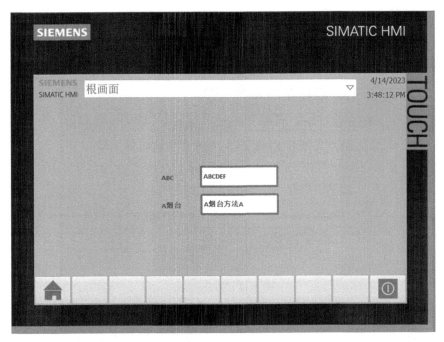

图 8-10　运行模拟

8.4　系统提供的字符串处理指令

在 SMART 软件系统中，提供了一组字符串专用的指令，如图 8-11 和图 8-12 所示。

图 8-11　字符串指令 LAD

图 8-12　字符串指令 STL

这一组 6 个指令在 LAD 和 STL 视图下的名称是一一对应的，这里先截图展示，之后主要讲解 LAD 语言下的应用，读者也可以对照帮助文件中的解释，那里比较全面。

8.4.1　STR_LEN：获得字符串的长度

字符串的长度就是首字节的值，即原本 MOVE VB10 的值就可以直接得到其首地址字符串的长度，如图 8-13 所示。然而其实此函数另有用处，并不是所有情况都可以读取首字节得到长度，后文将有涉及。

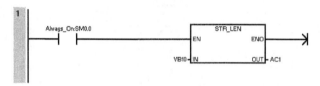

图 8-13　STR_LEN

8.4.2　STR_CPY：复制字符串内容到另一个目标地址

复制之后在监控表中同时监控 VB20 和 VB30 以及其后续的字节，发现内容完全一模一样，证明实现了复制，如图 8-14 所示。然而这种批量复制数据的功能还有一个 BLKMOV_B 可以同样实现，如图 8-15 所示。

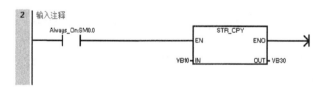

图 8-14　STR_CPY

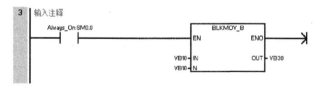

图 8-15　BLKMOV_B

貌似实现了同样的功能，但是其实在某些特殊场合，其功能还是无法完全被替代，后面章节有提及。

8.4.3　SSTR_CPY：从字符串中复制子字符串

提取 VB10 字符串中从第 2 个字符开始的 8 个字符到 VB40 中，如图 8-16 所示。状态图表如图 8-17 所示。

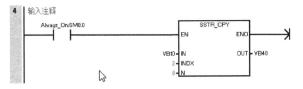

图 8-16　SSTR_CPY

状态图表

	地址	格式	当前值
1	VB10	字符串	"A烟台方法A"
2	VB40	字符串	"烟台方法"
3	VB40	无符号	8
4	VW41	ASCII	'烟'
5	VW43	ASCII	'台'
6	VW45	ASCII	'方'
7	VW47	ASCII	'法'
8	VW49	ASCII	'$00$00'

图表 1　图表 2　图表 3

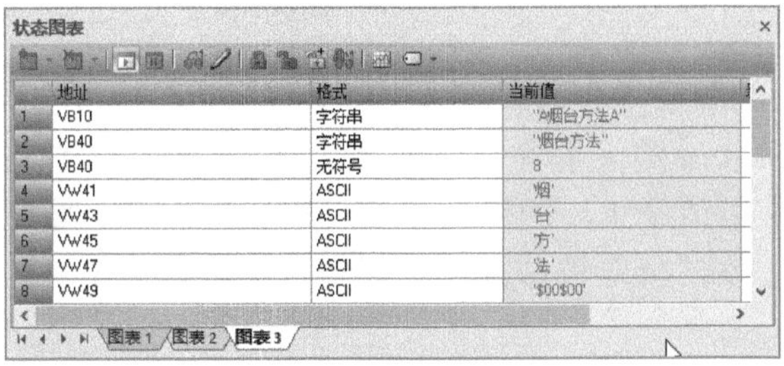

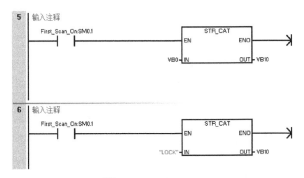

图 8-17　状态图表

结果便是将其中的中文字符提取出来了。由于中文一个字符占用 2 个 BYTE，所以数量等于 8，其实是提取了 4 个汉字。

当文字为中英文混排时，需要格外小心，不可以只提取一个中文字符的一半，也不可以一个 WORD 跨越两个中文字符，否则必然得到乱字符。

8.4.4　STR_CAT：字符串连接

两次执行指令，分别将字符串 VB0 的内容和固定内容“LOCK”字符拼接到了原 VB10 字符串后面，如图 8-18 所示。状态图表如图 8-19 所示。

图 8-18　STR_CAT

	地址	格式	当前值	新值
1	VB10	字符串	"A烟台方法AABCDEFLOCK"	
2	VB10	无符号	20	
3	VB11	ASCII	'A'	
4	VW12	ASCII	'烟'	
5	VW14	ASCII	'台'	
6	VW16	ASCII	'方'	
7	VW18	ASCII	'法'	
8	VW20	ASCII	'AA'	
9	VW22	ASCII	'BC'	
10	VW24	ASCII	'DE'	
11	VW26	ASCII	'FL'	
12	VW28	ASCII	'OC'	
13	VW30	ASCII	'K$00'	

图 8-19　状态图表

注意这里前面的触发指令为 SM0.1，即只在启动时执行一次。如果采用与前几个指令同样的 SM0.0 常 1 指令，则拼接命令会不断持续执行，直到字符串长度超过 254 后指令报错停止。如果发生这样的情况，那么程序中从 VB10 之后的 250 多个 BYTE 数据全部被冲乱了，如果有逻辑在使用这些数据区，则也必然带来混乱。

还可以看到字符指令的输入部分也能绑定常字符内容，而并不总是 V 区。所以 STR_LEN 和 STR_CPY 指令并不是可有可无的，不能被其他的指令完全替代。

8.4.5　STR_FIND：在字符串中查找字符串

指令及运行后的结果监控如图 8-20 和图 8-21 所示。

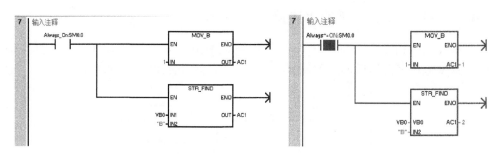

图 8-20　STR_FIND　　　　　图 8-21　调用 STR_FIND

由于 VB0 的内容为"ABCDEF"，所以查找"B"得到的结果为 2。注意在执行 STR_FIND 之前先执行了给 AC1 赋值 1，是因为这个指令需要先给结果赋值 1，代表从 1 的位置开始查找。如果未提前赋值，则执行错误。

所以这个 OUT 引脚的本质类似于 SBR 子程序的 IN_OUT 引脚，但这是系统提供的指令，如果是自己做的 SBR，那么使用 OUT 引脚是万万做不出这样的功能的。

通过事先控制结果值来控制查找起始位置，可以实现多次查找，形成循环。本章之后附文《"万泉河" S7–200 SMART PLC 中拆分提取字符串内数据》中用到了循环调用此指令提取字符内容的方法。

查找内容可以是一个字符串，甚至中文，而不仅仅限于一个字符的 ASCII 码。比如可以从指令中查找到字符中中文的位置，如图 8-22 所示。

8.4.6　CHR_FIND：查找字符串中任一字符

字符串里面存在目标字符中的任何一个都可以作为符合查找条件，查找其所在位置，如图 8-23 所示。

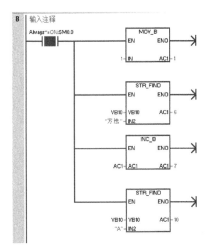

图 8-22　多次查找

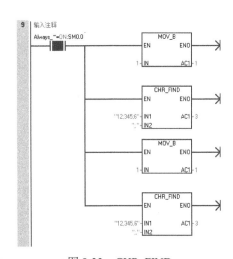

图 8-23　CHR_FIND

两段字符分别以分号和逗号分隔数据，但当 IN2 同时使用分号 + 逗号为目标时，会得到相同的答案。这个指令与前一个指令 STR_FIND 一样，需要先指定开始位置。

帮助手册中举例的 IN2 的内容做了所有数字的枚举，用于查找发现字符串中数值的位置，也更有实际应用价值。

思考题：字符串的标识都是用一对双引号框起来的，如果要搜索的内容本身带双引号，比如通信收到的字符串中的数值部分通过双引号标识，那么当需要查找得到时，应该如何实现？

答案是：$。

在 SMART 软件中，$ 是一个格式字符，使用其来表示一些特殊功能的字符。

所以当要表达双引号时，需要用到 $"，如图 8-24 所示。在帮助手册中有更为详尽的讲解。

常数（数值范围）

说明
对于 ASCII 常数，$ 是一个格式字符，用于在字符串中指明某特殊字符。

使用 $ 格式字符的字符串示例：
当您下载或上传数据块及主程序、子例程和中断例程时，使用 $ 格式字符修改 ASCII 原义常数。

字符串条目	存储在 PLC 存储器中的数据
'Cost $$50'	Cost $50
"Cost $$50"	Cost $50
'Enter $'name$''	Enter 'name'
"Enter $"name$""	Enter "name"

下表显示嵌套控制字符的方法。

代码	解释
$$	单美元符号
$'	单引号字符
$"	双引号字符
$L 或 $l	换行字符
$N 或 $n	新行字符
$P 或 $p	换页，新页
$R 或 $r	回车字符
$T 或 $t	制表符，即制表字符
$1f	$ 后的两个十六进制数字 1f 指定 ASCII 代码 1f。ASCII 1f 十六进制数字 = ASCII 31 十进制数字

图 8-24 常数 $

8.5 字符串数据放到 SBR 引脚上

字符串数据放到 SBR 引脚上就是 SBR 子程序输入、输出引脚使用字符串类型的参数。然而，只可以在 IN 类型的参数中选择 STRING，其他的类型，包括 TEMP 类型都不可以选择 STRING。即便选择了 STRING 之后，也会自动变到 DWORD。

尝试前面章节的功能在 SBR 子程序中实现，比如字符串复制，见表 8-1。

表 8-1　STRING 在 IN 引脚

1	变量表中在 IN 引脚建立 2 个 STRING 类型的变量 S1，S2	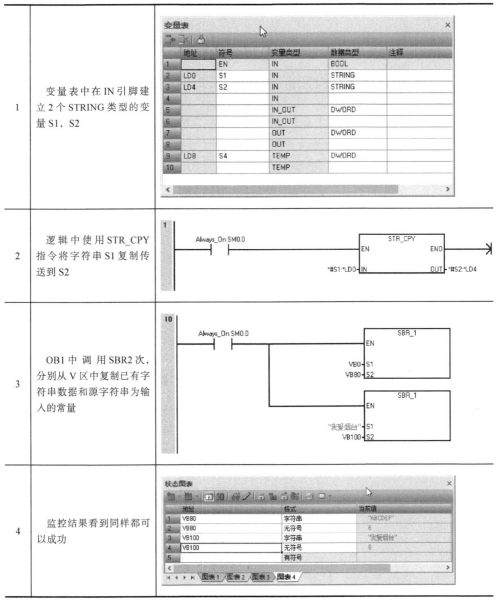
2	逻辑中使用 STR_CPY 指令将字符串 S1 复制传送到 S2	
3	OB1 中调用 SBR2 次，分别从 V 区中复制已有字符串数据和源字符串为输入的常量	
4	监控结果看到同样都可以成功	

然而，在观察 SBR 的变量表时发现定义的 STRING 类型的数据，其每个引脚占用的长度只有 4 个 BYTE，与指针占用一个 DWORD 类似，而一个字符串的长度很容易就超过 4BYTE 的。事实上，在 SBR 内部收到的就是一个指针，而不是把具体的所有字符串信息都送到 SBR 内部。这也是为什么 S2 虽然是 IN，但仍然可以给它复制赋值的原因。

IN 数据不可修改，所以并没有修改地址指针，只是对指针指向的存储区域的内容进行了修改，修改之后 IN 引脚地址处的字符内容被修改了。所以猜测，也可以把上述的字符串类型改为指针类型来同样实现字符串功能。

8.6 使用地址指针传递字符串数据

另建立 SBR，只不过把上述的 S2 类型改为 DWORD，如下：

1	变量表中，S2 类型 DWORD，而 S1 保持 STRING 不变	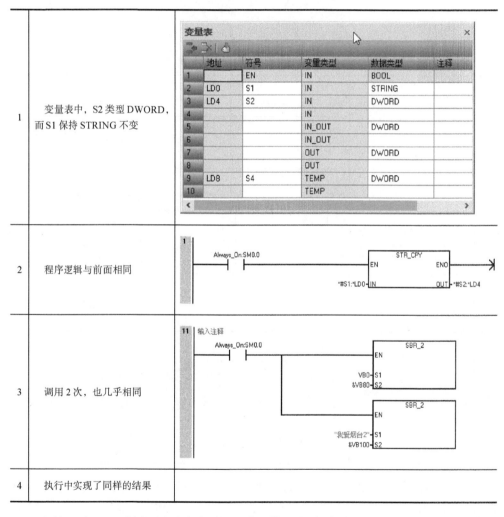
2	程序逻辑与前面相同	
3	调用 2 次，也几乎相同	
4	执行中实现了同样的结果	

比较两个 SBR 被调用时有细微差别：前面的实参为 VB100，而改为指针后为 &VB100，增多了一个 & 符号，其余则完全相同，而它们实现的功能也完全相同。

　　结合第 7 章讲解的指针部分的知识，可以将指针偏移一个数量的位置后再作为存放字符文本的位置，即文本内容可以只是一个指针所包含内容的一部分，一个指针里面包含了控制字、状态字、数据、量纲、注释等丰富的内容。由此可以通过指针定义 PLC 与 HMI 上位机的数据接口，这已经接近于高级 PLC 平台的 UDT 与结构变量了。

　　这个定义是可以高度内聚的，能够实现只需要在 PLC 中定义好数据结构，在 HMI 定义好对接的模板即可，上位变量批量建立、具体细节调用等 SBR 的使用者无需完全知晓。

8.7　［万泉河］模拟量的量纲

　　量纲就是物理单位，英语中称为 Unit。

　　请问大家一个问题，在控制系统中，通常采集大量的模拟量数据显示在触摸屏或上位机上，那么每一个信号的物理单位的量纲是如何标注？如何实现的？

　　有人说了。这还不简单嘛，在触摸屏上每一个数据框后面添加一个静态文本，文本内容逐个修改为相对应的单位即可，与标注这个数据的标题描述方法一样。程序修改完成，下载到触摸屏中，自然就实现了。

　　是的，这是每个初学者都会的做法。想一想你做的监控系统，模拟量数据的数量，不管是 8 个、80 个，还是 800 个，这些数据肯定都不是一个规格，而是各种物理数据，如温度、压力、流量、重量、体积和长度等。那么每一个数据，你都需要左手翻着工艺清单，右手翻着触摸屏画面，挨个儿找过来，逐个对应，输入，修改，检查，这工作量着实不少。

　　如果水平高一点的，实现了弹出式窗口的管理，不管是触摸屏还是 WinCC，好像都有点麻烦了。窗口使用同一个模板，同样的位置，量纲需要动态变换，所以还需要做些特殊处理。

　　然后就会问了，除此之外还会有更好的方式吗？

　　回答是肯定的，可以有。方法便是在 PLC 编程中，在调用模拟量 FB 块的过程中录入到其引脚上。引脚数据除了物理通道地址，标定上下限值之外，再增加一个 UNIT 的字符类型的引脚即可。程序块内部甚至都可以不需要再做任何逻辑，上位机变量直接链接到这个引脚，读取其内容，并动态显示即可。

　　这些都不是我发明的，我只是在推广一种常识性的方法。让我们来看一看 PCS7 是如何做到的。PCS7 引脚属性设置和模拟量操作窗口分别如图 8-25 和图 8-26 所示。

　　可以看出，FB 有一个 Unit 的引脚，输入了量纲编码，最后在画面上实现了动态显示，如图 8-27 所示。

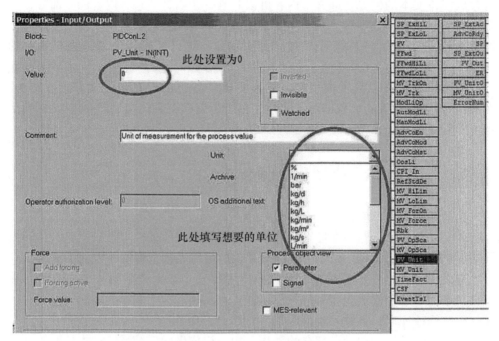

图 8-25　PCS7 引脚属性设置

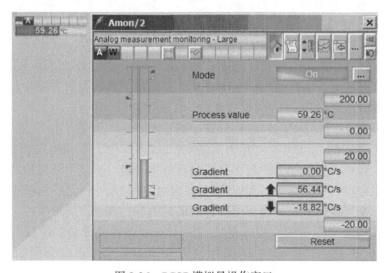

图 8-26　PCS7 模拟量操作窗口

```
CALL    模拟量:SBR19, AI_V019:AIW10, 0.0, 100.0, AI_V019_QOUT:VD2000
CALL    模拟量:SBR19, AI_V020:AIW12, 0.0, 500.0, AI_V020_QOUT:VD2004
CALL    模拟量:SBR19, AI_V021:AIW14, 0.0, 100.0, AI_V021_QOUT:VD2008
CALL    模拟量:SBR19, AI_V022:AIW16, 0.0, 100.0, AI_V022_QOUT:VD2012
CALL    模拟量:SBR19, AI_V023:AIW18, 0.0, 500.0, AI_V023_QOUT:VD2016
CALL    模拟量:SBR19, AI_V024:AIW20, 0.0, 100.0, AI_V024_QOUT:VD2020
CALL    模拟量:SBR19, AI_V025:AIW22, 0.0, 100.0, AI_V025_QOUT:VD2024
CALL    模拟量:SBR19, AI_V026:AIW24, 0.0, 500.0, AI_V026_QOUT:VD2028
CALL    模拟量_RTD:SBR2, AI_V027:AIW26, AI_V027_QOUT:VD2032
CALL    模拟量_RTD:SBR2, AI_V028:AIW28, AI_V028_QOUT:VD2036
CALL    模拟量_RTD:SBR2, AI_V029:AIW30, AI_V029_QOUT:VD2040
CALL    模拟量_RTD:SBR2, AI_V030:AIW32, AI_V030_QOUT:VD2044
CALL    模拟量:SBR19, AI_V031:AIW34, 0.0, 100.0, AI_V031_QOUT:VD2048
CALL    模拟量:SBR19, AI_V032:AIW36, 0.0, 100.0, AI_V032_QOUT:VD2052
CALL    模拟量:SBR19, AI_V033:AIW38, 0.0, 500.0, AI_V033_QOUT:VD2056
CALL    模拟量:SBR19, AI_V034:AIW40, 0.0, 100.0, AI_V034_QOUT:VD2060
CALL    模拟量:SBR19, AI_V035:AIW42, 0.0, 100.0, AI_V035_QOUT:VD2064
CALL    模拟量:SBR19, AI_V036:AIW44, 0.0, 500.0, AI_V036_QOUT:VD2068
CALL    模拟量:SBR19, AI_V037:AIW46, 0.0, 100.0, AI_V037_QOUT:VD2072
CALL    模拟量:SBR19, AI_V038:AIW48, 0.0, 100.0, AI_V038_QOUT:VD2076
CALL    模拟量_RTD:SBR2, AI_V039:AIW50, AI_V039_QOUT:VD2080
CALL    模拟量_RTD:SBR2, AI_V040:AIW52, AI_V040_QOUT:VD2084
CALL    模拟量_RTD:SBR2, AI_V041:AIW54, AI_V041_QOUT:VD2088
CALL    模拟量_RTD:SBR2, AI_V042:AIW56, AI_V042_QOUT:VD2092
CALL    模拟量_odot:SBR1, AI_V043:AIW58, 0.0, 500.0, AI_V043_QOUT:VD2096
CALL    模拟量_odot:SBR1, AI_V044:AIW60, 0.0, 100.0, AI_V044_QOUT:VD2100
CALL    模拟量_odot:SBR1, AI_V045:AIW62, 0.0, 100.0, AI_V045_QOUT:VD2104
CALL    模拟量_odot:SBR1, AI_V046:AIW64, 0.0, 500.0, AI_V046_QOUT:VD2108
CALL    模拟量_odot:SBR1, AI_V047:AIW66, 0.0, 100.0, AI_V047_QOUT:VD2112
CALL    模拟量_odot:SBR1, AI_V048:AIW68, 0.0, 100.0, AI_V048_QOUT:VD2116
CALL    模拟量_odot:SBR1, AI_V049:AIW70, 0.0, 500.0, AI_V049_QOUT:VD2120
CALL    模拟量_odot:SBR1, AI_V050:AIW72, 0.0, 100.0, AI_V050_QOUT:VD2124
CALL    模拟量_odot:SBR1, AI_V051:AIW74, 0.0, 100.0, AI_V051_QOUT:VD2128
CALL    模拟量_odot:SBR1, AI_V052:AIW76, 0.0, 500.0, AI_V052_QOUT:VD2132
CALL    模拟量_odot:SBR1, AI_V053:AIW78, 0.0, 100.0, AI_V053_QOUT:VD2136
CALL    模拟量_odot:SBR1, AI_V054:AIW80, 0.0, 100.0, AI_V054_QOUT:VD2140
CALL    模拟量_odot:SBR1, AI_V055:AIW82, 0.0, 500.0, AI_V055_QOUT:VD2144
CALL    模拟量_odot:SBR1, AI_V056:AIW84, 0.0, 100.0, AI_V056_QOUT:VD2148
CALL    模拟量_odot:SBR1, AI_V057:AIW86, 0.0, 100.0, AI_V057_QOUT:VD2152
CALL    模拟量_odot:SBR1, AI_V058:AIW88, 0.0, 500.0, AI_V058_QOUT:VD2156
CALL    模拟量_odot:SBR1, AI_V059:AIW90, 0.0, 100.0, AI_V059_QOUT:VD2160
CALL    模拟量_odot:SBR1, AI_V060:AIW92, 0.0, 100.0, AI_V060_QOUT:VD2164
CALL    模拟量_odot:SBR1, AI_V061:AIW94, 0.0, 500.0, AI_V061_QOUT:VD2168
CALL    模拟量_odot:SBR1, AI_V062:AIW96, 0.0, 100.0, AI_V062_QOUT:VD2172
CALL    模拟量_odot:SBR1, AI_V063:AIW98, 0.0, 100.0, AI_V063_QOUT:VD2176
CALL    模拟量_odot:SBR1, AI_V064:AIW100, 0.0, 500.0, AI_V064_QOUT:VD2180
CALL    模拟量_odot:SBR1, AI_V065:AIW102, 0.0, 100.0, AI_V065_QOUT:VD2184
CALL    模拟量_odot:SBR1, AI_V066:AIW104, 0.0, 100.0, AI_V066_QOUT:VD2188
CALL    模拟量_odot:SBR1, AI_V067:AIW106, 0.0, 500.0, AI_V067_QOUT:VD2192
CALL    模拟量_odot:SBR1, AI_V068:AIW108, 0.0, 100.0, AI_V068_QOUT:VD2196
CALL    模拟量_odot:SBR1, AI_V069:AIW110, 0.0, 100.0, AI_V069_QOUT:VD2200
CALL    模拟量_odot:SBR1, AI_V070:VW112, 0.0, 500.0, AI_V070_QOUT:VD2204
CALL    模拟量_odot:SBR1, AI_V071:VW114, 0.0, 100.0, AI_V071_QOUT:VD2208
CALL    模拟量_odot:SBR1, AI_V072:VW116, 0.0, 100.0, AI_V072_QOUT:VD2212
CALL    模拟量_odot:SBR1, AI_V073:VW118, 0.0, 500.0, AI_V073_QOUT:VD2216
CALL    模拟量_odot:SBR1, AI_V074:VW120, 0.0, 100.0, AI_V074_QOUT:VD2220
CALL    模拟量_odot:SBR1, AI_V075:VW122, 0.0, 100.0, AI_V075_QOUT:VD2224
CALL    模拟量_odot:SBR1, AI_V076:VW124, 0.0, 500.0, AI_V076_QOUT:VD2228
CALL    模拟量_odot:SBR1, AI_V077:VW126, 0.0, 100.0, AI_V077_QOUT:VD2232
CALL    模拟量_odot:SBR1, AI_V078:VW128, 0.0, 100.0, AI_V078_QOUT:VD2236
CALL    模拟量_odot:SBR1, AI_V079:VW130, 0.0, 500.0, AI_V079_QOUT:VD2240
CALL    模拟量_odot:SBR1, AI_V080:VW132, 0.0, 100.0, AI_V080_QOUT:VD2244
CALL    模拟量_odot:SBR1, AI_V081:VW134, 0.0, 100.0, AI_V081_QOUT:VD2248
CALL    模拟量_odot:SBR1, AI_V082:VW136, 0.0, 500.0, AI_V082_QOUT:VD2252
CALL    模拟量_odot:SBR1, AI_V083:VW138, 0.0, 100.0, AI_V083_QOUT:VD2256
CALL    模拟量_odot:SBR1, AI_V084:VW140, 0.0, 100.0, AI_V084_QOUT:VD2260
CALL    模拟量_odot:SBR1, AI_V085:VW142, 0.0, 500.0, AI_V085_QOUT:VD2264
CALL    模拟量_odot:SBR1, AI_V086:VW144, 0.0, 100.0, AI_V086_QOUT:VD2268
CALL    模拟量_RTD:SBR2, AI_V087:VW146, AI_V087_QOUT:VD2272
CALL    模拟量_RTD:SBR2, AI_V088:VW148, AI_V088_QOUT:VD2276
CALL    模拟量_RTD:SBR2, AI_V089:VW150, AI_V089_QOUT:VD2280
CALL    模拟量_RTD:SBR2, AI_V090:VW152, AI_V090_QOUT:VD2284
CALL    模拟量_RTD:SBR2, AI_V091:VW154, AI_V091_QOUT:VD2288
CALL    模拟量_RTD:SBR2, AI_V092:VW156, AI_V092_QOUT:VD2292
CALL    模拟量_RTD:SBR2, AI_V093:VW158, AI_V093_QOUT:VD2296
CALL    模拟量_RTD:SBR2, AI_V094:VW160, AI_V094_QOUT:VD2300
CALL    模拟量_RTD:SBR2, AI_V095:VW162, AI_V095_QOUT:VD2304
CALL    模拟量_RTD:SBR2, AI_V096:VW164, AI_V096_QOUT:VD2308
CALL    模拟量_RTD:SBR2, AI_V097:VW166, AI_V097_QOUT:VD2312
CALL    模拟量_RTD:SBR2, AI_V098:VW168, AI_V098_QOUT:VD2316
```

图 8-27　程序批量调用

在 LBP 中实现如图 8-28 所示。

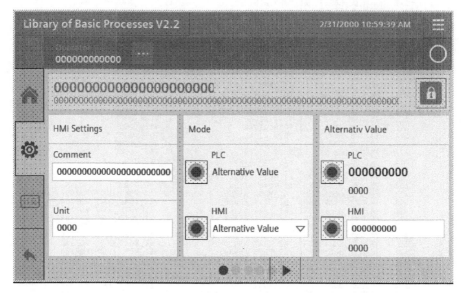

图 8-28　LBP

LBP 的 UNIT 和 COMMENT 并没有放到 FB 的引脚上在调用时录入，而是在其内部的变量中设置了相应的内容并呈现到触摸屏中。运行中从这个设定界面里人工输入，完成后运行界面中也都能正常显示正确的量纲。如果系统中有 80 个模拟量，则需要跳转 80 次页面并逐个输入。

8.8　［万泉河］模拟量

我在一上节中着重探讨了物理单位的问题，反对将它作为一个参数，还要在触摸屏上运行中或者设计模式进行修改。然而即便去掉了单位，对一个模拟量的处理也还是有许多参数的。

在对 LBP 的程序块进行简化以后，需要的参数见表 8-2。

表 8-2 中，1、2 用于标定量程范围，3～6 用于判断触发报警，7～8 用于对报警的迟滞处理。

有人或许会觉得啰唆，简单标定下量程的事至于搞这么复杂吗？

如果你还只是刚入门阶段实现控制任务就万事大吉，有人提出整改意见的时候再专心整改，那确实没什么。如果你希望有一个一劳永逸的标准化设计，但凡客户有可能提出的刁钻问题，都应提前想到，应事先做在里面。多做比不做强，做了不用比用到时发现没有相应的功能而需要临时打补丁更强。

表 8-2 参数表

1	SP_rangeBegin	量程下限
2	SP_rangeEnd	量程上限
3	SP_limitAH	高报警
4	SP_limitWH	高警告
5	SP_limitWL	低警告
6	SP_limitAL	低报警
7	SP_timeout	超时时间
8	SP_hysteresis	迟滞区间

比如量程，如果设备运行期间需要进行校准，那么就会有需求要你给做成参数。而如果系统中有模拟量不仅仅用于显示，还要参与逻辑判断，那么多数情况下需要比较限定值后做出逻辑处理，那么就有了限定值参数和迟滞参数的需求。哪怕系统中只有个别模拟量有需要也应尽量全部做到，即为标准化。

而这些参数值，一方面需要运行中修改设定，另一方面又不可能全部指望下载程序后在运行画面中输入参数。最理想的方式是参数需要有一个初始值。这个初始值未必准确，未必符合最终设备运行需要的参数，但它至少有个八九不离十，大致可用。总比一开机全部都是 0，或者全部都是报警提示要好得多。

有过软件开发经验的程序员应该了解这样一个常识，所有软件安装后都有一个初始配置。比如微信软件安装后会有基本的字体和配色，然而可以个性化地修改、设定。

对应到工业系统的工业设备也存在同样的需求。

然而，了解 PLC 编程有的人一定都会知道这个事情没那么容易，比如 FB 的 IN 引脚上的一个参数值，如果调用时赋值了实参作为初始值，那么运行中就不可以再修改，除非修改程序源代码完全重新下载程序。而如果不设置实参，那么它就会有统一的初始值，大部分为 0，而且 FB 的多个实例之间都是同一套初始值配置。所以要兼具上述两种功能的话，其实需要两套参数值分别对应上述的功能。那么在程序初次运行时，先采用初始值，之后在运行中才可以修改这个值。

对于模拟量信号，表 8-2 中 3 ～ 8 条的重要程度低一些，甚至可以统一设置，比如限制值都分别设置为 90%、80%、20%、10%。然而考虑到量程的上下限，则只能分成两套了。由此，在 S7-200 SMART PLC 中规划的模拟量函数库的变量表如图 8-29 所示。

	地址	符号	变量类型	数据类型	注释
1		EN	IN	BOOL	
2	LD0	HMIDATA	IN	DWORD	
3	LD4	identName	IN	STRING	
4	LD8	unit	IN	STRING	
5	LW12	valuePer	IN	INT	
6	LD14	rangeBegin	IN	REAL	
7	LD18	rangeEnd	IN	REAL	
8			IN_OUT		
9	LD22	value	OUT	REAL	
10	L26.0	AH	OUT	BOOL	
11	L26.1	WH	OUT	BOOL	
12	L26.2	WL	OUT	BOOL	
13	L26.3	AL	OUT	BOOL	
14	L26.4	errorHigh	OUT	BOOL	
15	L26.5	errorLow	OUT	BOOL	
16			OUT		
17	L26.6	HLP1	TEMP	BOOL	
18	L26.7	HLP2	TEMP	BOOL	
19	LD27	SP_rangeBegin	TEMP	REAL	
20	LD31	SP_rangeEnd	TEMP	REAL	
21	LD35	SP_limitAH	TEMP	REAL	
22	LD39	SP_limitWH	TEMP	REAL	
23	LD43	SP_limitWL	TEMP	REAL	
24	LD47	SP_limitAL	TEMP	REAL	
25	LD51	SP_timeout	TEMP	REAL	
26	LD55	SP_hysteresis	TEMP	REAL	
27			TEMP	BYTE	

图 8-29 变量表

这已经做到了极致的简化，可以看到，最后一个变量的地址是 LD55，即用到了 LB58，已经接近于 SMART 子程序的上限，后面只剩下 LB59 一个 BYTE，即地址空间已经用尽。

按照 LBP 的架构功能实现的逻辑，其中的 LOG15 功能记录了设备的运行情况，最终当触摸屏显示这个记录时，需要这个记录的地址指针。该指针应该是一个 DWORD，原本是在 L1 层中生成的，需要先输出到其 OUT 引脚，外层再使用这个引脚获得地址。

然而，因为 S7-200 SMART PLC 的资源限制，程序块中接收这个地址的 TEMP 变量，所以只能暂时先用一个 MD20 的变量做传递，如图 8-30 和图 8-31 所示。

图 8-30 数据传送到 MD

图 8-31 从 MD 得到数据

8.9 [万泉河] S7-200 SMART PLC 中拆分提取字符串内数据

作者的文章《"万泉河"最难还是模拟量》中提到过,曾在做模拟量处理模块时,留下一个未解决的难题,即因为程序块中使用的 TEMP 变量资源已经耗尽,所以只能使用一个全局变量 MD20 完成数据的传递功能。之后便可以开始做 PID 模块的移植。

PID 输出值的量纲是长久以来都容易被忽视的问题。通常,很多模块都直接以 % 为单位,或者没有单位,只有一个 0 ～ 1 的小数数值。这在阀门开度等工况时是没问题的,然而很多的 PID 输出回路是变频器,对于变频器的运行开度,100% 对应的是 50Hz,但当在窗口上显示 PID 回路的输出时,如果仍然以 0 ～ 100 来显示,那么操作人员在使用中每次都要做数值换算,不仅不方便,还容易出现错误。

如果要增加这部分的数值输入,则会遇到变量使用超标的问题。考虑到这部分的数据在内部程序块中只使用一次,并不总是参与数值计算。同时,模块在调用时输入的是常量,在运行中也不会变动,所以可以考虑用字符串的形式输入。即把原本的 UNIT 的引脚改名为 RANG_UNIT,包含了上下限和量纲:

0；10；Bar；0；50；Hz

字符串中使用分号将所有数据分割。S7-200 中的字符串在定义到子程序的引脚时，长度只有 4BYTE，所以它本质上只是一个指针，而作为常量的字符串输入时，则不占用任何寄存器资源。因此，编制了一个用于对字符串进行分割的函数 SPLIT，调用结果如图 8-32 所示。

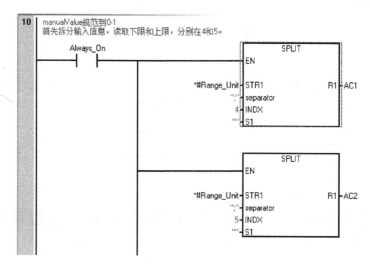

图 8-32　通过 SPLIT 提取参数

每次调用只读取指定的位置的数据，我也顺便做了转换，即可以读取字符串放到 S1 指定的指针，也可以顺便转换为浮点数输出到寄存器中使用。

由此，用一个字符串指针 4BYTE 替代了原本的多个浮点数，节省了程序块的 TEMP 资源，上一节中被迫使用的 MD20 全局变量终于得到了解放，如图 8-33 所示。

在 LBP 原程序架构中，需要多次校验 HMI 上数据序列的修改，在数据满足变化或者不变化条件时做出逻辑处理。在 PORTAL 中的方法是直接对 UDT 进行相等比较，所以在数据区中建立了大量的数据备份。而对于 SMART 这样的小存储量，没有更多资源来存放所有数据的备份，所以就想到了使用 BCC 校验来做。数据序列中任何一个数值的修改，都会导致 BCC 校验码不通过，所以可以以此节省大规模的变量资源。

变量表

	地址	符号	变量类型	数据类型	注释
1		EN	IN	BOOL	
2	LD0	HMIDATA	IN	DWORD	
3	LD4	identName	IN	STRING	
4	LD8	Range_Unit	IN	STRING	0;10;Bar
5	LW12	valuePer	IN	INT	
6			IN	REAL	
7			IN	REAL	
8			IN_OUT		
9	LD14	value	OUT	REAL	
10	L18.0	AH	OUT	BOOL	
11	L18.1	WH	OUT	BOOL	
12	L18.2	WL	OUT	BOOL	
13	L18.3	AL	OUT	BOOL	
14	L18.4	errorHigh	OUT	BOOL	
15	L18.5	errorLow	OUT	BOOL	
16			OUT		
17	L18.6	HLP1	TEMP	BOOL	
18	L18.7	HLP2	TEMP	BOOL	
19	LD19	SP_rangeBegin	TEMP	REAL	
20	LD23	SP_rangeEnd	TEMP	REAL	
21	LD27	SP_limitAH	TEMP	REAL	
22	LD31	SP_limitWH	TEMP	REAL	
23	LD35	SP_limitWL	TEMP	REAL	
24	LD39	SP_limitAL	TEMP	REAL	
25	LD43	SP_timeout	TEMP	REAL	
26	LD47	SP_hysteresis	TEMP	REAL	
27	LD51	PT15	TEMP	DWORD	
28			TEMP		

图 8-33　变量表（新）

第9章

数据表功能

SMART 系统中有一种数据组织格式，称为表格（Table），简写为 TBL。表格中的第一个值为最大表格长度 TL，第二个值是条目计数 EC，用于存储表格中的条目数。

一个表格最多可有 100 个数据条目，即一个表格其实是通过前两个条目规划定义的数据区。当最大空间规划为 100 时，第一个值 TL=100，而实际的数量存在第二个数值中。两个值加上后面的 100 条，最多共占用了存储区 102 个 WORD。

表格可使用的地址涵盖了几乎所有存储区，IW、QW、VW、MW、SMW、SW、T、C、LW、*VD、*LD、*AC，然而实际应用中大多还是使用 V 区来存储表格数据。

创建表的过程通过为表的首地址赋值最大条目数 TL 来实现。赋值只需要一次，或者在数据区的初始值中设定。数据结构见表 9-1。

与字符串变量相似，表其实是一种特定的数据排列方式。尤其是 S7–300 中的字符串的定义，就是前两个字节分别为总长度和实际长度，与 SMART 中的数据表非常接近。

表格的实际条目计数 EC 由系统中表格类指令运行中动态自动更新。系统提供了一组与表格相关的指令，可以对数据进行快捷处理，如图 9-1 所示。

表 9-1 数据结构

TL（最大条目数）
EC（条目计数）
D0（数据 0）
D1（数据 1）
D2
D3

图 9-1 表格相关指令

9.1 AD_T_TBL：添表指令

AD_T_TBL 指令如图 9-2 所示。

DATA：INT，需要添加到表中的数据。

TBL：WORD，表的首地址。

EN：使能添加表一次。执行指令一次添表一行，新数据添加到表格中最后一个条目之后。每次向表格中填加新数据时，条目计数 EC 将加 1。

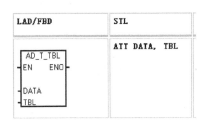

图 9-2　AD_T_TBL 指令

不可以对已满的表进行添表操作，否则会发生溢出错误，详见系统帮助手册。

9.2 FIFO：先进先出指令

FIFO 指令如图 9-3 所示。

TBL：WORD，表的首地址。

DATA：INT，指令运行完成后从表中所推出的数据。

EN：使能读表一次。执行一次将表内存储的最旧即最先进的一条数据提取出，原数据从表内清除。每次从表中读取数据时，条目计数 EC 将减 1。

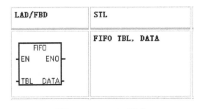

图 9-3　FIFO 指令

不可以对空的表做读表操作，否则会发生错误。

9.3 LIFO：后进先出指令

LIFO 指令如图 9-4 所示。

TBL：WORD，表的首地址。

DATA：INT，指令运行完成后从表中所推出的数据。

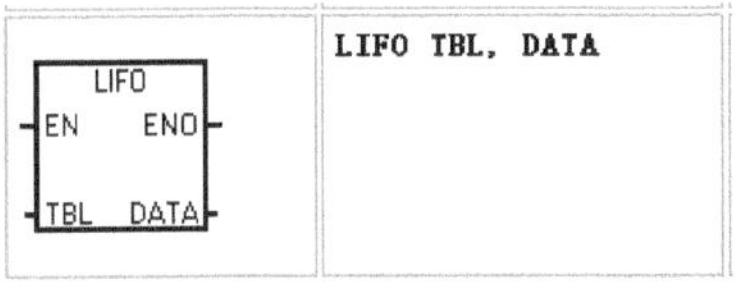

EN：使能读表一次。执行一次将表内存储的最新即最后进入的一条数据提取出，原数据从表内清除。每次从表中读取数据时，条目计数 EC 将减 1。

不可以对空的表做读表操作，否则会发生错误。

图 9-4　LIFO 指令

　　LIFO 与 FIFO 指令非常相似，唯独数据推出的是最新数据，所以上述的描述只有一字之差。实际工程应用中 FIFO 的应用场合要更多，而 LIFO 用到极少，只需掌握其功能即可。

9.4　FILL_N：存储器填充指令

　　FILL_N 指令如图 9-5 所示。

　　IN：INT，要填充的数值。

　　N：BYTE，填充的数量。

　　OUT：INT，填充数据的首地址。

　　FILL_N 存储器填充指令使用地址 IN 中存储的字值填充从地址 OUT 开始的 N 个连续字，N 取值范围是 1 ～ 255。FILL_N 本质上并不是

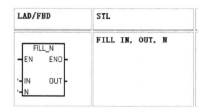

图 9-5　FILL_N 指令

一个表格专用指令，而是可以对包括表格在内的更多数据批量复位。系统只是为了分组方便，将其归类到表格文件夹。

　　FILL_N 指令并不是如 FIFO/LIFO 般有一个 TBL 引脚，要对表格数据进行处理时，还需要做一些定位处理，比如表格从 VW200 开始的话，其前两个 WORD 分别存储的是最大条目数 TL 和条目计数 EC，这两个数据是不可以被复位的，所以需要送给 OUT 引脚的是 VW204。

　　如果需要，那么也可以制作专用于表格数据的 FILL_N_TBL 函数。

9.5　TBL_FIND：查表指令

　　TBL_FIND 指令如图 9-6 所示。

　　查表指令在表格中搜索与搜索条件匹配的数据（见表 9-2）。查表指令由表格条目 INDX 开始，在表格 TBL 中搜索与 CMD 定义的搜索标准相匹配的数据值 PTN。指令参数 CMD 的数字值 1 ～ 4 分别对应于 =、<>、< 和 >4 种不同的匹配标准。

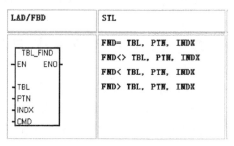

图 9-6　TBL_FIND 指令

　　如果找到匹配条目，则 INDX 将指向表中的该匹配条目。要查找下一个匹配条目时，在再次调用查表指令之前，必须先将 INDX 增加 1。如果未找到匹配条目，则 INDX 值等于条目计数 EC。

　　一个表格最多可有 100 个数据条目。数据条目（搜索区域）编号为 0 ～ 99，即如果 100 条数据的表格未搜索到结果，则返回值为 100。

表 9-2　TBL_FIND 变量表

输入 / 输出	数据类型	功能
TBL	WORD	表的 EC 开始的地址
PTN	INT	搜索的数据值
INDX	WORD	索引地址
CMD	BYTE	指令 1 = 相等（=） 2 = 不相等（<>） 3 = 小于（<） 4 = 大于（>）

　　TBL_FIND 指令虽然是表格专用指令，其 TBL 引脚也与 FIFO、AD_T_TBL 的 TBL 引脚名字相同，但其功能有差异。由于查表指令中用不到表的总计数，所以系统设计的 TBL 引脚输入的地址为其后的实际条目计数的 EC 的地址。导致使用中调用之前还需要对地址做偏移 +2，其实反而带来了麻烦。如果有需要，也可以设计封装自己的 TBL_FIND 函数，以实现与其他表指令通用。

9.6　自定义 FILL_N_TBL 函数

　　使用 FILL_N 指令，在其基础上封装，做一个专门用于数据表内数据格式化的 SBR：FILL_N_TBL，即将数据表内所有已存在的数值格式化为一个固定值，如下：

1	接口变量表：由于格式化的数值数量来自表的实际计数值，所以不需要再作为外部参数	

（续）

2	程序段 1：TBL 的地址偏移 +2，得到 EC 的地址，并将其值送到 N，即为需要填充的数量 N	
3	程序段 2：TBL 的地址偏移 +4，得到第一条数据的地址	
4	程序段 3：将固定数值填充到数据序列中	
5	调用测试第 1 步：建立数据表，容量 20，但实际计数为 15	
6	调用测试第 2 步：调用 SBR，测试填入数据 56	

（续）

7	监控运行结果：正确运行，表中的 15 个数据均被填充数值 56		

9.7　示例：数值滑动平均

利用数据表和表相关功能，做一个数值滑动平均的实例。

对一个数据 MW0，假设每 1s 取值一次，数值缓存到表中，表的规模为 10 个数据。那么当表内数值满后，则每秒取出最旧的数值，同时将最新的数值存入表中，然后对表内所保有的所有数值进行累加求平均值，即为滑动平均值，见表 9-3。

对于模拟量的数值，在从 AI 模块读取时的数据格式原本就是整数类型，所以直接对整数进行缓存和滑动平均也并不会丢失精度。

表9-3　滑动平均值

1	程序段 1：开机启动时，赋值 VW100=10，VW102=0，即建立了 VW100 的表，VW100 为 TL，VW102 为 EC

103

（续）

2	程序段2：在每秒的上升沿，如果表中已满，则FIFO读取其最旧值到MW12	
3	程序段3：每秒一次，采集数值添加到表中，由于把读取数据放在前面程序段，保证了添表时表总是未满状态，不会溢出	
4	程序段4：循环之前的数据清零准备，AC0用于累加值，AC3用于循环计数	
5	程序段5：FOR循环，循环从1到表的EC值VW102	
6	程序段6：计算得到每一个数据值的地址指针，比如AC3=1时，AC1指向VW104，即第一条数据，AC3=2，VW106…以此类推	

（续）

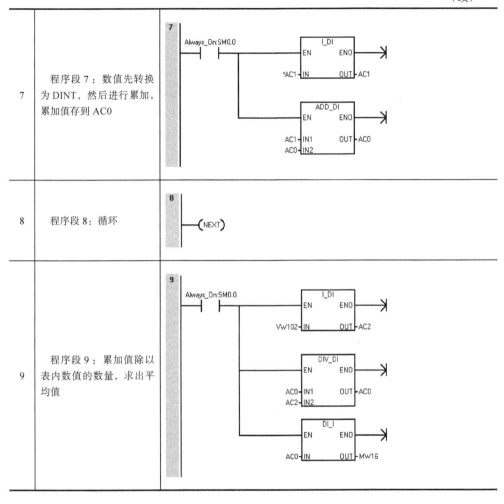

7	程序段 7：数值先转换为 DINT，然后进行累加，累加值存到 AC0	
8	程序段 8：循环	
9	程序段 9：累加值除以表内数值的数量，求出平均值	

由此，得到了最旧值（10s 之前的值）存到 MW12，而滑动平均值存到 MW16，即只需要将模拟量的数值传给 MW0，便可在 MW12 和 MW16 处分别得到需要的统计值。

接下来，还需要测试这段逻辑的正确性，所以需要编制一个模拟程序用来验证运行效果。

思路：可以生成一个周期为 10s 的正弦波，那么 10s 内采集正弦波曲线上的 10 个数据的平均值，应该正好等于正弦波的中间值。假设 T 是运行时间的毫秒数，进行如下的数据转换 SIN（T/1000.0/5.0*π）*10000.0 + 20000.0，得到峰值为 30000，波谷值为 10000，而周期为 10s 的正弦波，见表 9-4。

表 9-4　模拟曲线

1	系统开机启动时开始计时，并预设了周期值，即还可以在运行中修改	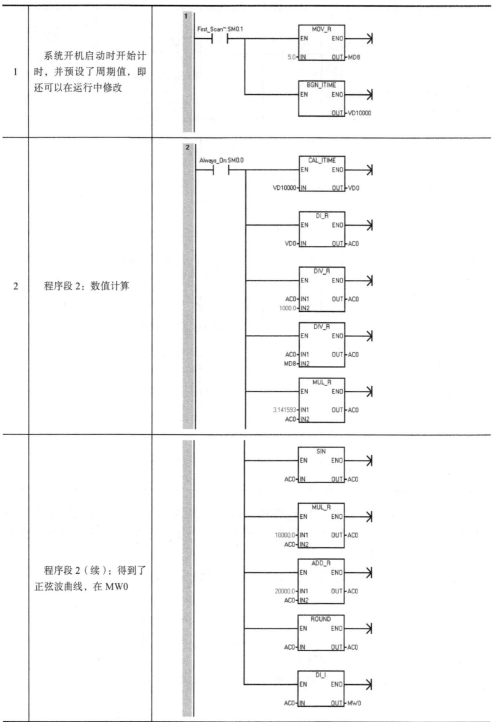
2	程序段 2：数值计算	
	程序段 2（续）：得到了正弦波曲线，在 MW0	

将程序下载到 CPU 中运行监控，分别监控 MW0，MW12 和 MW16 的值，如状态图 9-7 所示。

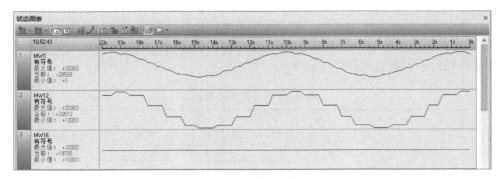

图 9-7 状态图

可以看到 MW0 的正弦波还算平滑，但 1s 采样后的 MW12 就是阶梯状了，但仍然能看到波形。而求得的平均值有时接近 20000，有时正好 20000，原因需要细查。

MW12 比 MW0 原本滞后 10s，正好一个周期，所以波形是同步的。而如果将 MD8 改为 10.0，即周期为 20s，则呈现出的波形如图 9-8 所示。

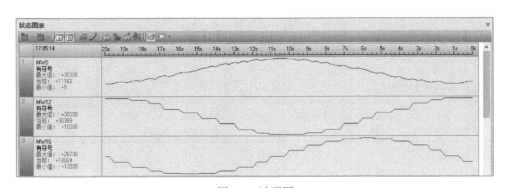

图 9-8 波形图

MW12 仍旧滞后 10s，所以与源数据波形反相，而平均值 MW16 也不再是直线，而是同样的波动曲线，只不过振幅要小一些。总之，可以认为所做的滑动平均算法正确。

9.8 示例：浮点数滑动平均

上述对整数值的滑动平均一方面不够精确、曲线不够平滑，可能是在浮点数转换回整数时数据精度丢失；另一方面，实际工程应用中还是直接对工程量的浮点数数值进行统计计算更为直接，所以要改进功能，实现浮点数的滑动平均。

浮点数的长度是 4 个字节，而表格中每个数值长度是 2 字节，所以要同样实现 10 个数据的缓存，需要表的空间是 20，除此之外每次的存储和取出，也都需要 2 次操作。更改后的程序见表 9-5。

表 9-5　浮点数滑动平均

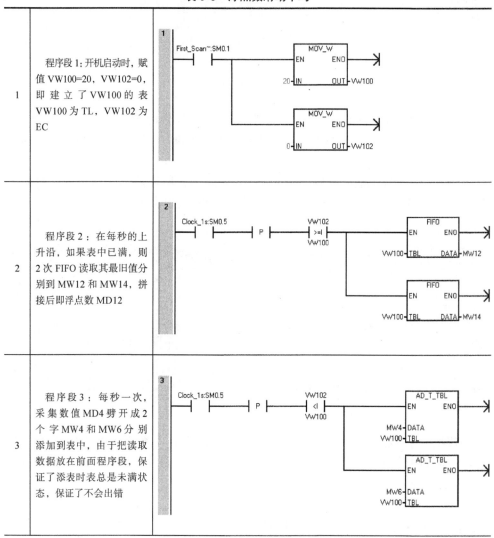

1	程序段 1: 开机启动时，赋值 VW100=20，VW102=0，即建立了 VW100 的表 VW100 为 TL，VW102 为 EC	
2	程序段 2：在每秒的上升沿，如果表中已满，则 2 次 FIFO 读取其最旧值分别到 MW12 和 MW14，拼接后即浮点数 MD12	
3	程序段 3：每秒一次，采集数值 MD4 劈开成 2 个字 MW4 和 MW6 分别添加到表中，由于把读取数据放在前面程序段，保证了添表时表总是未满状态，保证了不会出错	

（续）

4	程序段 4：循环之前的数据清零准备，AC0 用于累加值，AC3 用于循环计数，LW2 用于循环次数需要为 EC/2	
5	程序段 5：FOR 循环，循环从 1 到 EC/2	
6	程序段 6：计算得到每一个数据值的地址指针，比如 AC3=1 时，AC1 指向 VB104，即第一条数据以获得 VD104，AC3=2 时，AC1 指向第三条数据 VB108 可以获得 VD108，以此类推	
7	程序段 7：累加，累加值存到 AC0	

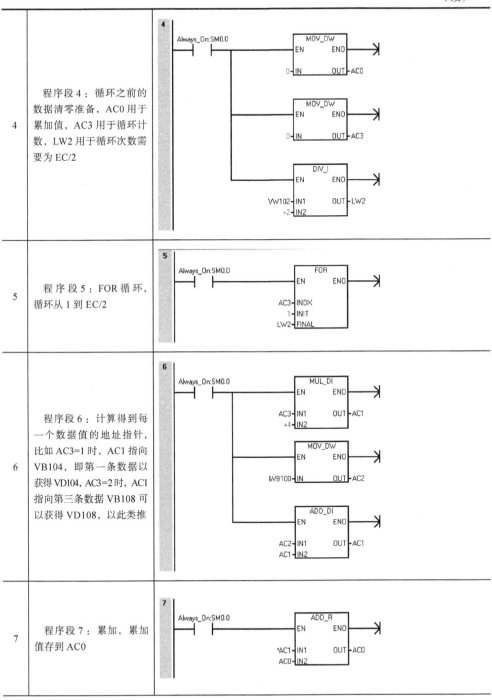

（续）

8	程序段 8：循环	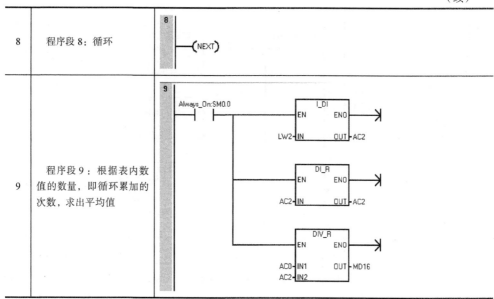
9	程序段 9：根据表内数值的数量，即循环累加的次数，求出平均值	

由此得到了最旧值存到 MD12，而滑动平均值存到 MD16，即只需要将模拟量的数值传给 MD4，即可在 MD12 和 MD16 处分别得到需要的统计值。

同样，还需要测试这段逻辑的正确性。可以使用上一例子的模拟程序，只不过数值不再需要从浮点数转换为整数，而是可以直接使用。将程序下载到 CPU 中运行监控，分别监控了 MD4、MD12 和 MD16 的值，如图 9-9 所示。

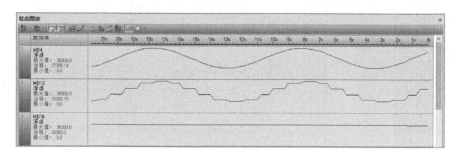

图 9-9　状态图

与 9.7 节的效果相比，源数据的曲线更为平滑，而统计的平均值也与理想值更接近。

然而不管是整数值还是浮点数值的滑动平均值统计，程序的写法都特别混乱，用到了各种 M 区和 V 区的全局变量。这是因为这个功能的实现太过于复杂，这里的示例仅仅是功能上的实现，没有考虑其他方面。这也是整个行业目前常见的做法，大家都是以这种方式对具体的功能需求具体编程实现。

但这却不够模块化，比如，同一个 PLC 系统中，需要做滑动平均值统计的测点不止一个，而是多个，该如何实现？方法只能是复制现有的逻辑后，将使用的变量逐个更换，另外再寻找程序中空闲未用的地址空间，给后面增加的测点统计使用。

这里抛开生成模拟曲线的逻辑不算，毕竟那只是测试目的，功能完成之后随时可以删除，所以可以不在乎变量分配使用情况，现在仅对逻辑所用到的变量做重新分配。地址使用应以尽量不浪费地址空间为原则，也假设系统中已使用地址其后的地址也都空闲，可以直接分配使用（事实上真正的项目中这一点可能性也很小）。

这是只增加了一个应用实例的变量分布，可以看出，即便在没有其他控制逻辑使用占用寄存器的情况下，最后的 M 变量也用到了 MD28（见表 9-6），已经到极限了。这意味着如果再增加第三个实例，那么原本的地址分配规则都要变更，要使用另外的数据区。

表 9-6　地址对应表

序号	实例 1 地址	实例 2 地址
1	VW100	VW144
2	VW102	VW146
3	VB143	VB187
4	MW12	MW24
5	MW14	MW26
6	MW4	MW20
7	MW6	MW22
8	MD4	MD20
9	VB100	VB144
10	MD16	MD28

程序修改的过程如果是在模块化的功能 SBR 内部，那么最多会造成 SBR 的接口变化，导致调用 SBR 的框架 SBR 中的逻辑需要修改。然而本章节的内容数据表的功能需要的地址空间是不确定的，很容易就会超出 SBR 子程序的内部变量区域，且内部临时变量的数据不能跨 OB1 周期记忆，所以只能使用 V 区数据实现。而数据表和 FIFO 等的功能又过于复杂，所以本节暂时先按照传统的方法实现功能。下一章将会专门讲解如何用可以重复使用的程序模块实现同样的功能，即库功能。在下一章中也将会把本章节的例子升级改造实现功能模块化。

第 10 章

用户库功能

10.1　自己做一个库

在各种 SMART 的入门教材中，都大致会有一个演示生成自定义库函数的章节。然而从实用的角度，所见到的讲述均不足以让读者对库的应用原理有充分的理解，进而实现目标。所以本章用自己的方法做一个演示例子，便于后续章节以此为基础再扩展功能，以实现需要的功能。

10.1.1　生成库文件

新建一个项目，存盘名为"库 YT01 源程序 .smart"。这看起来是一个工程项目，然而却是专门为了生成用户库而建立的源代码程序。将来真正的库文件是单独的，而引用了所制作的库的项目中，库函数 SBR 的使用方式与此大有不同。

按照官方手册理论上讲，用户也可以使用这个项目实现一些真实的设备功能，即可以用一个现成的工程项目，挑选其中功能性比较完整的模块，封装生成库，然后用于以后项目的使用。但是在实际制作库的环节中，还是有诸多不便，下文会具体提及。所以作为库的源程序，还是专用的比较好，具体过程见表 10-1。

表 10-1　创建库步骤

1	建立符号表 YT01，使用 V 区地址从 0 开始	

（续）

2	建立子程 SBR：YT01，变量表如图所示	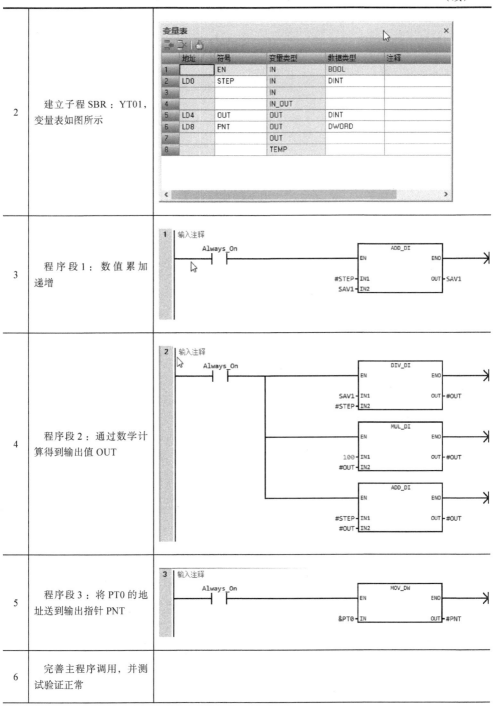
3	程序段 1：数值累加递增	
4	程序段 2：通过数学计算得到输出值 OUT	
5	程序段 3：将 PT0 的地址送到输出指针 PNT	
6	完善主程序调用，并测试验证正常	

（续）

7	指令树中，点开库项目组，右键中单击"创建库…"，列表中列出了已有的库	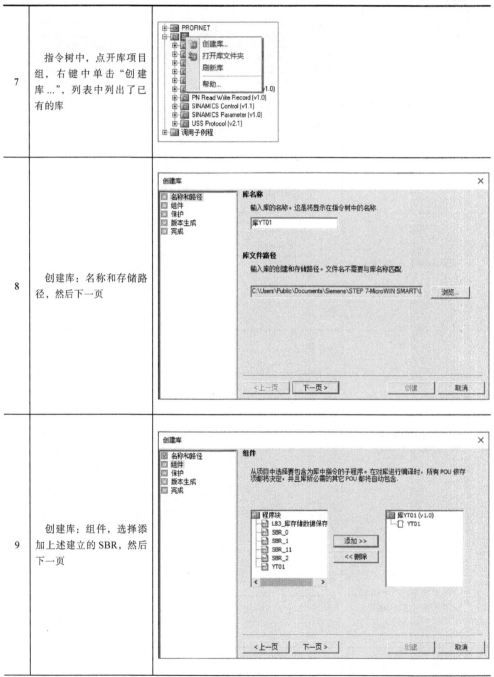
8	创建库：名称和存储路径，然后下一页	
9	创建库：组件，选择添加上述建立的 SBR，然后下一页	

（续）

10	创建库：保护 暂时不做密码保护直接进入下一页， 可以以后回来尝试选择密码保护功能	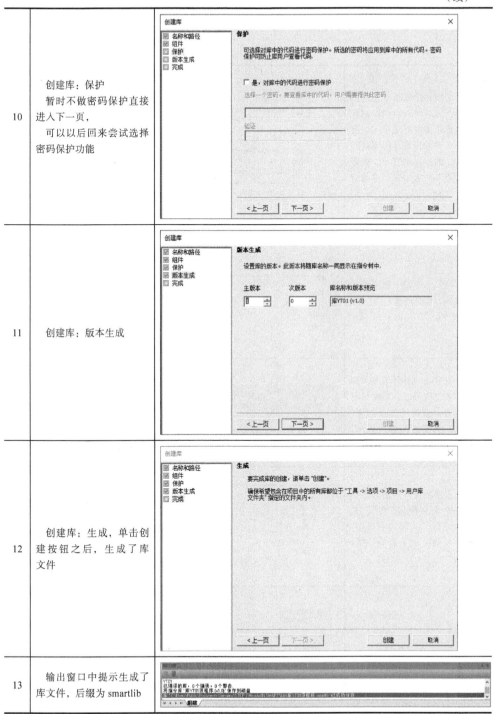
11	创建库：版本生成	
12	创建库：生成，单击创建按钮之后，生成了库文件	
13	输出窗口中提示生成了库文件，后缀为 smartlib	

10.1.2 调用库

关闭为建立库而建立的源程序项目，新建一个应用项目，见表 10-2。

表 10-2 调用库步骤

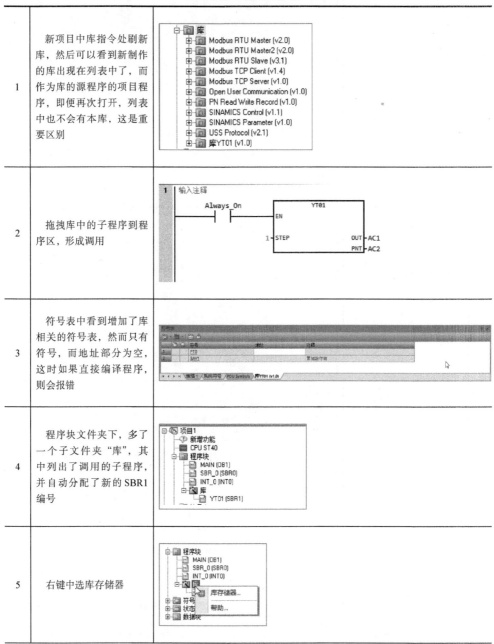

1	新项目中库指令处刷新库，然后可以看到新制作的库出现在列表中了，而作为库的源程序的项目程序，即便再次打开，列表中也不会有本库，这是重要区别	
2	拖拽库中的子程序到程序区，形成调用	
3	符号表中看到增加了库相关的符号表，然而只有符号，而地址部分为空，这时如果直接编译程序，则会报错	
4	程序块文件夹下，多了一个子文件夹"库"，其中列出了调用的子程序，并自动分配了新的 SBR1 编号	
5	右键中选库存储器	

（续）

6	库存储器分配：可以使用系统建议地址，也可以手动分配，比如 VB100，可以看到提示的库中使用了 4 个字节，这是因为源程序中只用了一个 VD	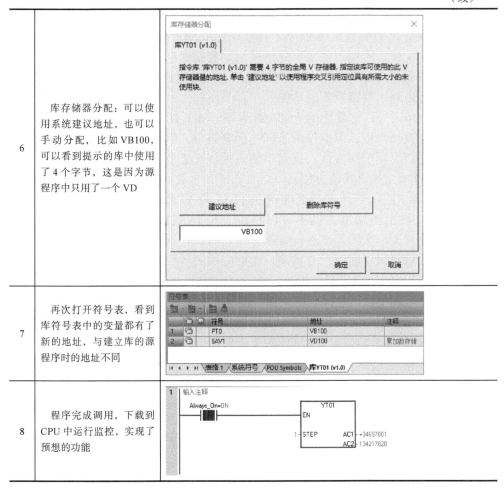
7	再次打开符号表，看到库符号表中的变量都有了新的地址，与建立库的源程序时的地址不同	
8	程序完成调用，下载到 CPU 中运行监控，实现了预想的功能	

10.1.3　解读与评述

调用库函数时，需要分配存储区地址，然而在同一个 CPU 中，这个地址只能分配一次，不能分配多次，即便这个函数调用多次，计算数据使用的也只是同一片数据区。因此，库函数分配的数据区只在对库函数调用一次的情况下可以作为静态变量具备跨周期记忆作用。

系统在生成库时自动计算每个库函数需要占用的 V 区字节数，然而这个计算的依据只是简单地检索 SBR 中所用到的 V 数据地址的最大值，所以并不精确。因此，在制作库时，应该尽量从 VB0 开始使用变量，不可以任意从现有的项目程序中随意将调试通过的函数导出为库，否则会导致地址占用太大造成浪费。

对于地址寻址、BLKMOV 等功能对数据区的批量访问，库功能并不能准确计算出正确的占用字节数。所以如果使用了相关指令，则还需要明确用显式的指令将其暴露出来，比如 VB10 简单 MOVE 到 VB10，而且必须是符号访问。

库地址的分配和检查机制确保了程序中用到的所有库的使用地址安全、唯一，不会发生干涉。所以不需要事先严格规划数据地址，使用中也不需要查询交叉引用也可以保证程序正确。如果利用得当，则可以极大减轻程序差错的机会，因此是一种可以利用的很重要的功能。

除了上一条之外，库功能的合理应用并不算多。比如号称建立了库函数之后可以在电脑上直接使用，但也仅限于同一台电脑中，如果跨越电脑或者重装计算机系统，则还需要同步库文件，反而不如直接打开 2 个项目文件复制子程序，或者利用 SBR 导入、导出功能方便。

不能直接对库文件 SMARTLIB 文件进行修改，因为并没有直接的 SMARTLIB 文件的编辑器，也不可以将现有 SMARTLIB 文件导入到编程软件中。如果需要对库函数的逻辑进行修改，则还需要重新打开最原始的库的源程序的文件，修改后再次生成库，并将项目中的应用更新到新版本，所以还必须保存好库函数的源程序文件不丢失。

生成库的过程中可以选择密码保护，保护之后在没有源程序的情况下不可以导出，也不可以跨项目复制子程序。但是如果借用者在此项目程序基础上删减和增加程序的内容，仍然可以实现对库的重复使用。

程序逻辑中未使用 V 区的 SBR 制作成库函数是没有意义的。如果寄希望于密码保护功能，那么普通的块的密码保护也同样不能跨项目使用，也同样都无法实现阻止程序块被重复使用。只要使用者有项目的源程序，便可以另存为新项目文件，并在此基础上修改其另外的程序。

正常设计的库函数通常只在程序中调用一次。如果简单调用多次，那么所使用的 V 区也只是相当于扩展了足够大的 TEMP 数据区。这在某些浮点数多、计算工艺复杂的场合是有用的。

如果库函数需要调用多次，对应了某个设备对象多次实例化，同时又需要这些 V 区数据具备跨周期存储的静态变量功能，则可以通过另外的编程处理实现。

示例中读取出了 VB 区域的指针，比如最后监控的 AC2 的值 134217828，折算到十六进制为 16#8000064，其实就是指分配到 VB100 时的首地址 VB100。那么这个指针值可以用来在上一级的程序中为库函数的不同调用管理自动分配不同的数据区域。下一节中将先简单手动方法实现。

10.2　简单方法实现库函数重复调用

库函数需要重复调用的场合通常使用了较大的数据区，如果一个工艺设备对象有较多的浮点数参数，假设为 20 个 REAL，然而系统中工艺设备类型有多个实例，比如 3 ～ 5 套，则每套之间的参数值地址不同，对应的数据变量也不同。

　　假如为库函数分配的数据区为 VB100，80 个 BYTE，即 VB100 ～ VB179，那么可以实现的方案是：第一台设备实例实际使用的数据区 VB1100 ～ VB1179，第二台设备实例实际使用的数据区 VB1200 ～ VB1279……以此类推。

　　那么，需要在库函数 SBR 的每一个实例调用前后都做数据的前处理和后处理，与前面章节所用到的技能方法相同，见表 10-3。

表 10-3　库重复调用

1	实例 1 数据前处理	
2	实例 1，库函数第一次调用	
3	实例 1 数据后处理	
4	实例 2 数据前处理	
5	实例 2，库函数第二次调用	
6	实例 2 数据后处理	

在库函数第一次调用时，通过前处理和后处理的手段，以真正的数据替换库函数内的数据区，程序运算后的结果再次返回保存。然后再同样进行第二个实例的调用，或者更多实例，由此可以实现库函数的重复使用。

由于库函数通常在不同项目中使用时会分配不同的数据地址，所以前处理和后处理的目标地址都会不同，上述的前处理和后处理的程序还需要每次修改，可以通过读取库函数地址区域地址的方式得到地址指针后，通过程序自动实现。

10.3 　示例：封装滑动平均值功能

将 9.7 节的示例的程序封装成一个可重复使用的库函数。前面的示例只是在逻辑层面实现了功能，然而并没有封装成功能块，不能被重复使用。

将原本程序中使用的 M 变量全部转换为 SBR 程序块的接口形参，而使用的 V 区变量地址改为从 VW0 开始以便于后继生成为库功能，程序原本设计时就是按照这样的规则分配的变量，如表 10-4 所示为库函数：浮点数滑动均值。

表 10-4　库函数：浮点数滑动均值

1	新建库源程序项目，为库建立符号表，一个表的最大计数可以到 100，所以可以分配到 VB203。然而实际应用中为节省空间目的可以减少	
2	新建库函数"SBR_浮点数滑动均值"，接口变量表如图所示，其中 Size 为堆栈缓存的浮点数的数量，实际占用地址数量翻倍	
3	程序段 1：显式声明库存储区的最大范围	

（续）

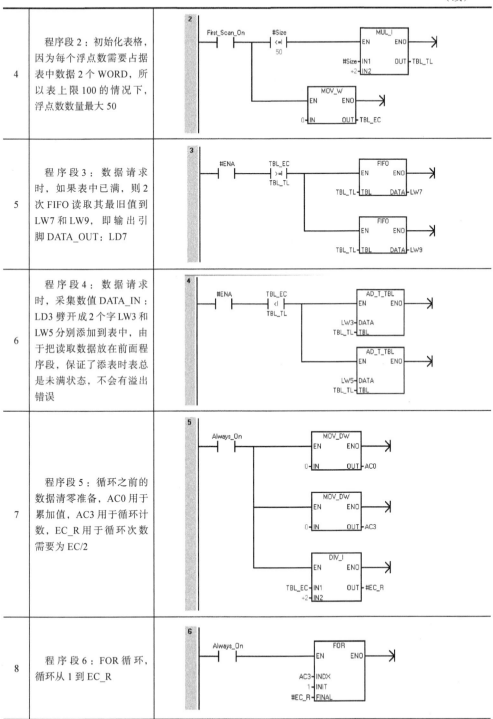

4	程序段 2：初始化表格，因为每个浮点数需要占据表中数据 2 个 WORD，所以表上限 100 的情况下，浮点数数量最大 50
5	程序段 3：数据请求时，如果表中已满，则 2 次 FIFO 读取其最旧值到 LW7 和 LW9，即输出引脚 DATA_OUT：LD7
6	程序段 4：数据请求时，采集数值 DATA_IN：LD3 劈开成 2 个字 LW3 和 LW5 分别添加到表中，由于把读取数据放在前面程序段，保证了添表时表总是未满状态，不会有溢出错误
7	程序段 5：循环之前的数据清零准备，AC0 用于累加值，AC3 用于循环计数，EC_R 用于循环次数需要为 EC/2
8	程序段 6：FOR 循环，循环从 1 到 EC_R

（续）

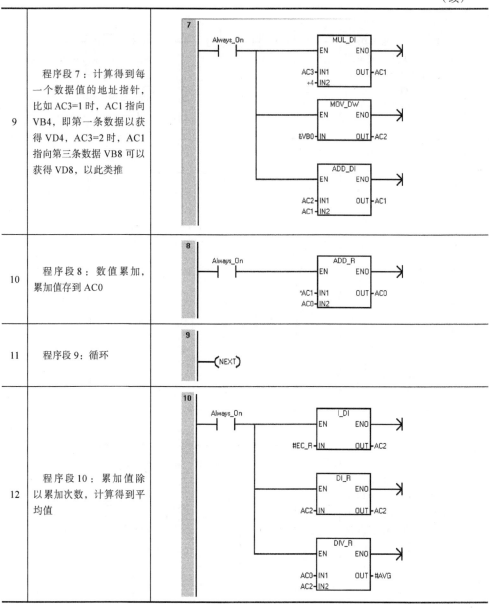

9	程序段7：计算得到每一个数据值的地址指针，比如 AC3=1 时，AC1 指向 VB4，即第一条数据以获得 VD4，AC3=2 时，AC1 指向第三条数据 VB8 可以获得 VD8，以此类推	
10	程序段8：数值累加，累加值存到 AC0	
11	程序段9：循环	
12	程序段10：累加值除以累加次数，计算得到平均值	

说明：原来的程序逻辑每秒处理一次数据表，用到了上升沿指令 P，然而在重复调用的 SBR 中系统自带的上升沿指令会失效，本书后续章节会讲解到，这里暂时跳过。通过增加 ENA 引脚，由外部调用环境生成脉冲送到程序块中触发数据写入和读取，而其实这个脉冲原本应该是在 SBR 内部生成是最合适的，比如引脚上只是间隔时间的时间值，在程序块中生成宽度可调的脉冲，那么在功能

调用时只需要指定时间间隔和数据数量，便可以自动进行缓存。所以未来章节掌握上升沿的模块化处理技能后，可以回来再对本模块进行升级。

程序完成后先测试功能是否运行正常，曲线模拟测试可以沿用原有的功能，如图 10-1 所示。

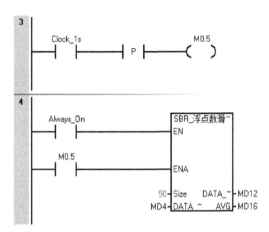

图 10-1　调用

测试运行功能正常后，按照本章库功能的方法制作生成库，然后调用库函数，并根据项目的需求调用多个实例，本章中都已经做过了讲解。

使用库功能的方法，在调用库函数时分配存储空间，空间的使用受系统监控，不会发生地址使用冲突，因而解决了程序过程中存储空间部署分配的问题。

有见到过同行制作的相同功能的函数，通过把表的指针放到了函数的输入引脚，需要在使用时分配调度表的数据空间甚至管理表格本身。这样的做法并没有降低分配存储空间的工作量，反而导致函数使用难度提高了，所以综合比较之后，本书并没有采用那种方法。

10.4　PID 控制程序

S7-200 SMART 中以向导的方式提供了 PID 控制的样板，其中可以实现 8 个回路以内的 PID 控制。然而本质上向导功能与库功能相似，都需要分配 V 区，所以放在本章中讲解 PID 控制功能实现。

如前节所述同样方法，向导生成的 PID 的程序也完全从头做起，将来会封装成库，见表 10-5。

表 10-5 向导生成 PID 回路

1	运行 PID 回路向导,假设要使用 4 路 PID	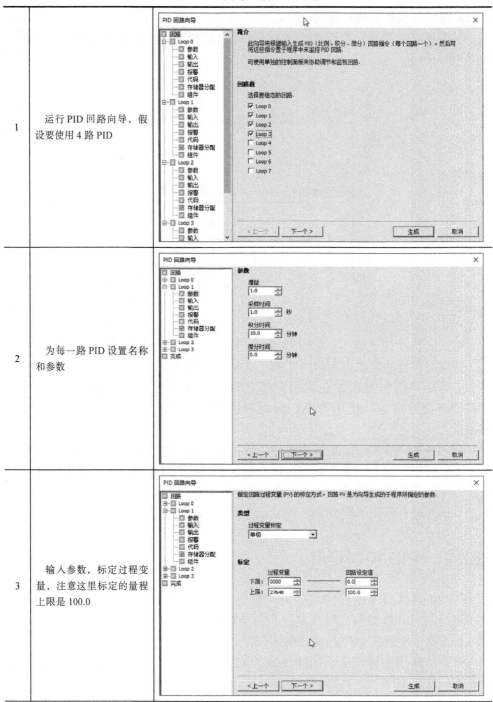
2	为每一路 PID 设置名称和参数	
3	输入参数,标定过程变量,注意这里标定的量程上限是 100.0	

（续）

4	输出参数，注意这里输出值并没有标定上下限，因为系统固化了 0 ～ 1.0 为量程范围	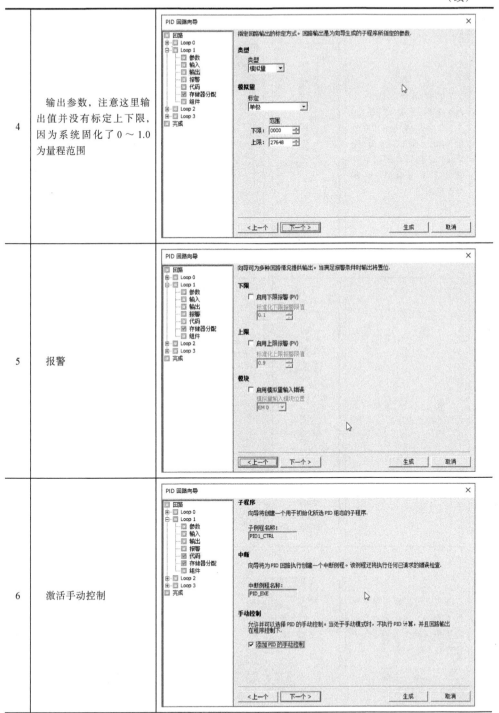
5	报警	
6	激活手动控制	

（续）

7	V 区存储分配每一个 PID 回路需要占用 120 个字节，给 LOOP 0 分配 VB0，但 LOOP 分配 VB150，即每个回路额外预留了 30 个 BYTE 留到后面使用	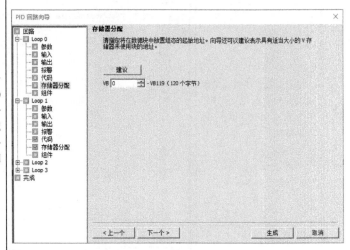
8	生成 PID 回路需要的子程序、中断程序	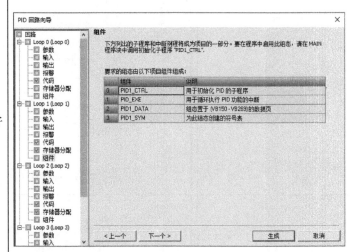
9	完成后可以看到程序块组下增加了向导分组，列出了所自动生成的 4 个子程序和 1 个中断	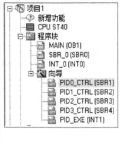

（续）

10	点开子程序块，程序为加密状态，逻辑不可见，然而有注释说明指导如何使用	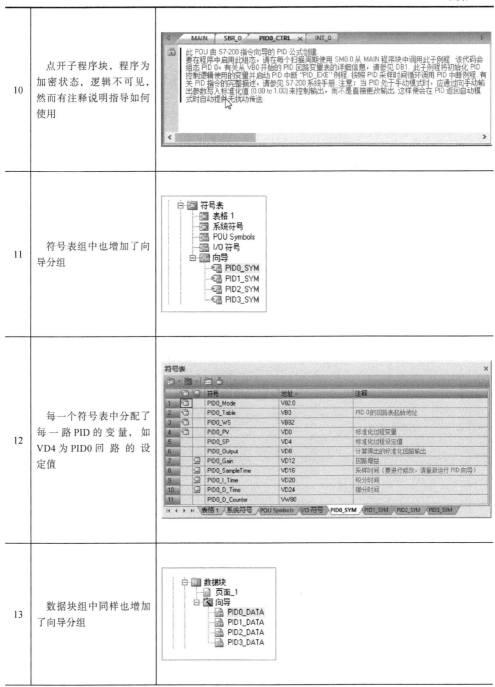
11	符号表组中也增加了向导分组	
12	每一个符号表中分配了每一路 PID 的变量，如 VD4 为 PID0 回路的设定值	
13	数据块组中同样也增加了向导分组	

（续）

14	所用到的数据变量预设了数值，然而只有一部分变量分配了符号，另外大部分没有分配符号名	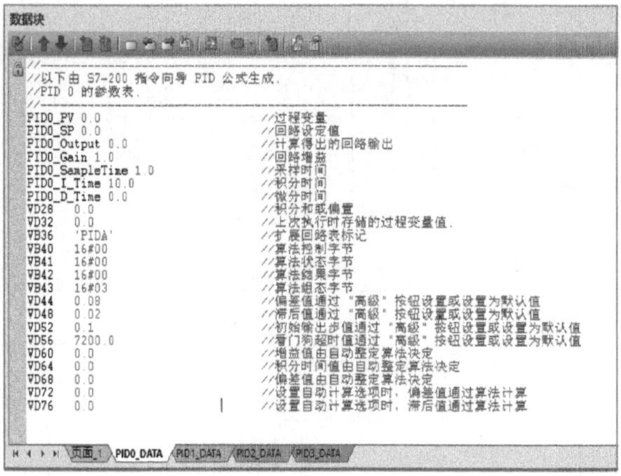
15	在 OB1 中调用所生成的 PIDx_CTRL 子程序，即完成了调用	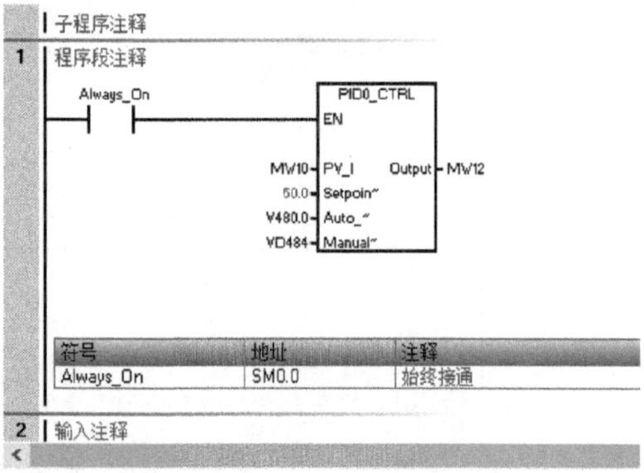
16	联机后可以打开整定面板进行 PID 参数自调节整定	

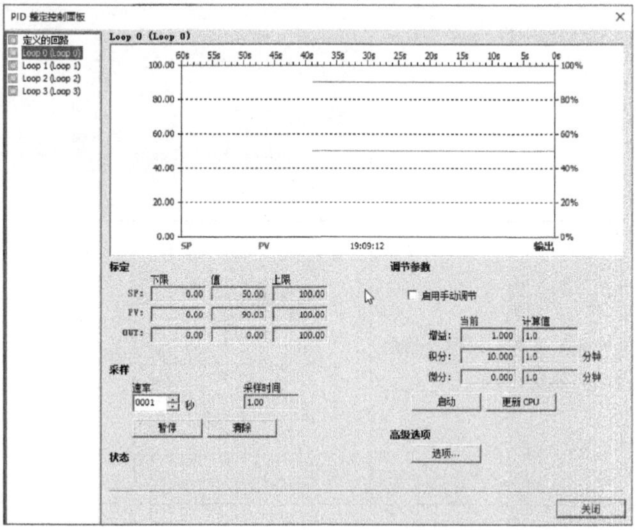

128

由此便实现了 PID 功能的控制。然而这里的功能又不够完善，主要是现在的控制系统通常都要与触摸屏或者上位机对接，需要在 HMI 侧展示回路的运行值以及设定值输入，比如被 PID 回路标定规范化后的运行值、给定值、开度输出以及手动开度等。

在向导生成的符号表中有变量 PID_SP0：VD4 标准化过程设定值，然而在设定值为 50.0 时，监控这个变量的值却为 0.5，是 PID 内部按照 0～1 区间规范化后的值。另外的 PV、OUT 也都是同样的情况。然而这种数据格式是不适合真正的工程应用的。HMI 中的数据格式需要是符合习惯的物理工程值，即便输出开度值，也需要 0～100 的百分数，而不能 0～1 的小数，甚至输出为变频器时，需要显示 0～50Hz。所以，需要对这些物理数值分别做变换，即需要做子程序块对其进行二次封装。

10.5 PID 子程序再封装

由于向导生成的 4 个回路的 PID 控制程序 PIDx_CTRL 是分在 4 个 SBR 中，所以在对其做封装时也要分别封装，即先对 PID0 封装改造，成功后再复制修改到其他的回路，见表 10-6。

表 10-6 PID 再封装

1	建立子程序 SBR：PID0W，接口变量表	
2	建立全局符号表，使用了之前预留的数据区	

（续）

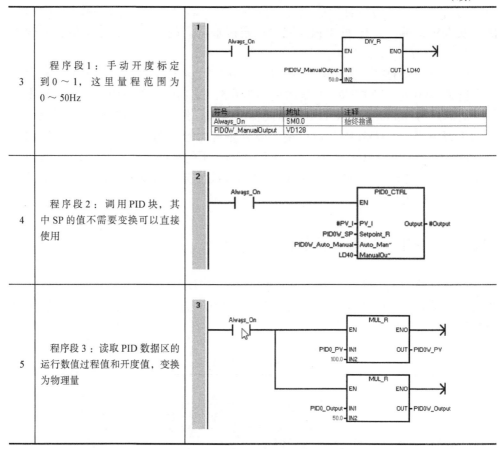

3	程序段 1：手动开度标定到 0～1，这里量程范围为 0～50Hz		
4	程序段 2：调用 PID 块，其中 SP 的值不需要变换可以直接使用		
5	程序段 3：读取 PID 数据区的运行数值过程值和开度值，变换为物理量		

如此便实现了便于 HMI 数据通信的再次封装。所增加的 V 区数据，传递到 HMI 变量，即可以对 PID 回路进行参数设置和监控运行状态。

这里为简化起见，对模拟量输入和模拟量输出的标定范围直接使用了数值，而更规范的做法是将其分别做在接口上，在调用时输入范围值。同一个范围值在向导生成时也曾经输入过，所以同一个 PID 回路需要重复录入 2 次。而在向导中输入的数值并未在数据块数值中体现，所以猜测西门子是将数值固化在了向导生成的加密的 SBR 子程序中，与本节做法相同。

10.6 PID 封装块生成为库

按照常规的创建库的步骤，将 SBR：PID0W 创建生成为库函数，并在工程项目中调用，如图 10-2 所示。

调用后发现，库函数自动把最初的 PID 向导生成的 SBR 和 INT 都带进来了，如图 10-3 所示。

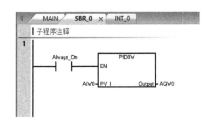

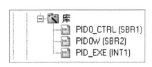

图 10-2　调用库　　　　　　　　　　　　图 10-3　库中程序块

而当要为库调用分配存储器时，发现提示库占用的 V 区为 533 字节，如图 10-4 所示。

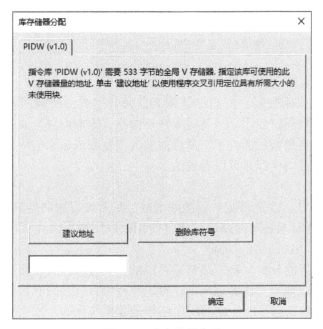

图 10-4　库存储器分配

也就是说，尽管在生成库函数时只做了一个回路 PID0 的库应用，然而由于最初向导生成了 4 个回路，所以其余回路的数据区也被记忆了。而且事实上占用的地址应该是接近 600，这说明库函数的统计中还有一定的误差，程序使用中需要有所规避。

观察库调用后所生成的符号表变量，可以清楚地看到这一点，如图 10-5 所示。

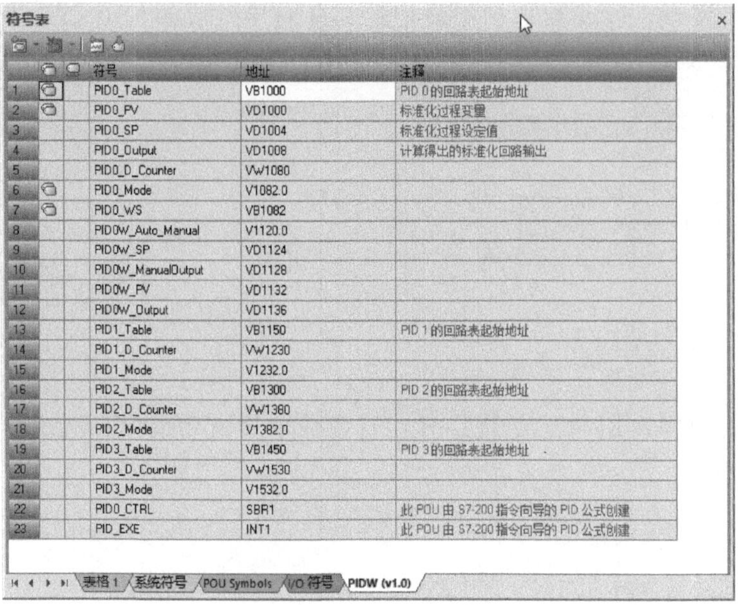

符号表

	符号	地址	注释
1	PID0_Table	VB1000	PID 0的回路表起始地址
2	PID0_PV	VD1000	标准化过程变量
3	PID0_SP	VD1004	标准化过程设定值
4	PID0_Output	VD1008	计算得出的标准化回路输出
5	PID0_D_Counter	VW1080	
6	PID0_Mode	V1082.0	
7	PID0_WS	VB1082	
8	PID0W_Auto_Manual	V1120.0	
9	PID0W_SP	VD1124	
10	PID0W_ManualOutput	VD1128	
11	PID0W_PV	VD1132	
12	PID0W_Output	VD1136	
13	PID1_Table	VB1150	PID 1的回路表起始地址
14	PID1_D_Counter	VW1230	
15	PID1_Mode	V1232.0	
16	PID2_Table	VB1300	PID 2的回路表起始地址
17	PID2_D_Counter	VW1380	
18	PID2_Mode	V1382.0	
19	PID3_Table	VB1450	PID 3的回路表起始地址
20	PID3_D_Counter	VW1530	
21	PID3_Mode	V1532.0	
22	PID0_CTRL	SBR1	此 POU 由 S7-200 指令向导的 PID 公式创建
23	PID_EXE	INT1	此 POU 由 S7-200 指令向导的 PID 公式创建

表格 1 / 系统符号 / POU Symbols / I/O 符号 / PIDW (v1.0)

图 10-5　库符号表

所以在生成库函数时，应当尽量将 PID 向导生成的所有回路一一对应，全部都生成为库函数同时使用。另外需要注意的是，原本向导生成的数据块数值定义，在经过一次再封装后丢失了，所以需要人工复制或输入生成。虽然那些数据块是加锁的，但数值全都是可以看到的。

延伸思考：

对于 PID 向导，以及再次封装的库函数，是否可以用向导只生成一个回路，然后使用 10.2 节的方法对回路进行重复使用，以实现更大程度的模块化，甚至实现对超过 8 个 PID 回路的控制？

依据作者本人的分析判断，应该是可以的。但由于没有在真正的工程项目中验证实践过，所以如果有读者感兴趣，可以在有项目机会的时候加以测试验证。

总的来说，PID 向导所生成的程序结构是非模块化的，才会导致每个回路都分别生成了单独的 SBR，同时程序架构又是高度耦合的，正是因为把多个回路的逻辑全都集中在一个 PID_EXE 中断程序中，才导致了再次封装时所有回路变量和存储区也都需要占用。

向导带来使用的便捷，比如可以使用参数整定功能，但其同时也带来了模块化的不便。如果对 PID 逻辑足够了解，同时不需要系统提供的参数整定功能，则可以自行设计调用逻辑，甚至自行编写 PID 块，会更有利于模块化。

第 11 章

PLC 程序中 M 变量的使用禁忌

PLC 的本质是一台微型计算机，而 PLC 编程环境中的 M 变量就相当于计算机高级语言中的全局变量。

和在高级语言中的编程一样，在程序中使用全局变量，可以比较便捷地实现需要的控制功能。然而，这只是在对语言的入门学习阶段，仅仅是为了方便测试实现某种特定功能。而当用于工业化模块化的系统应用时，如果仍然使用全局变量实现功能，那么反而会带来很多负面问题。

对全局变量 M 的使用禁忌，要从认识论和方法论两个层面进行讨论，即要先认识到程序中使用 M 所带来的危害，而后才是如何实现的问题，所以需要逐步实现。本章中重点关注的是认识论的问题，而方法论方面则在后续的章节中介绍。

11.1　全局变量的概念界定

对于 SMART 这样的小型 PLC，几乎所有物理硬件资源都可以全局访问。比如输入变量、输出变量、M 寄存器、T 定时器、C 计数器、V 存储器等。

在提出反对使用全局变量的理念时，并不是指所有的全局变量，而是特指 M、T 和 C，既不包含输入输出，也不包含 V 区。

同时，V 区变量的使用语法与 M 接近，只是在系统内部的访问速度稍有差别。也不是只要把 M 变量简单替换为 V 变量，就是真的做到了未使用 M。我们要的是变量的使用无需实现部署规划，程序逻辑复制移植到任何环境都可以直接使用，而不必担心变量使用冲突。

本书前面章节演示的所有例子中生成的 SBR 子程序块，基本上都是按照这个原则来做的，且大都实现了这样的要求，即程序块除了可以在同一个项目中重复调用多个实例之外，任何一个其他的项目要使用现有的程序模块，也都可以直接复制使用，而不存在变量的使用冲突，自然也不需要重新再做变量规划部署。

库功能虽说需要在调用库时逐个分配 V 存储区，但如果 V 存储区产生冲突，那么系统编译会报错、会禁止，所以也算节省了人工进行变量规划的工作量。

而本章后续内容将会举例说明错误使用了 M 变量而导致程序功能无法多实例重复调用，或者无法简单复制移植的状况，从而起到反证的作用。

所以，通常说传统的写程序方法中使用全局变量 M 有弊端，是指后来的人包括写程序的工程师本人阅读程序时困难，需要通过不断交叉索引查找变量的使用情况来阅读程序，要避免这个弊端需要编程方法的改进来实现。如果只是简单将 M 替换为 V，那么在阅读和调试程序时仍然需要频繁使用交叉索引来追查变量的使用情况，本质上这一点是没有任何改变的，就不能算作避开了全局变量的使用。

相反，如果对全局变量不是采取传统的用法，那么即便偶尔使用了全局变量，但阅读程序时一遍就可以看懂，程序调试中不需要记忆变量，也不需要对变量的产生和使用情况反复检索查询，那么也是接受的。PLC 标准化编程烟台方法的 SMART PLC 的样板工程项目中，就曾在 SBR 中使用过 3 个 MB，而且很多地方都使用的同样地址的 MB，且相互之间没有干扰。在掌握了本书所介绍的技巧之后，就可以轻松地对原来的做法进行改造，使得后来的项目程序中连这几个 MB 也不使用了。并且改动的范围只是一两个使用了 M 变量的 SBR，而程序全局根本不受到影响，这就是模块化编程方法的好处。

对全局变量概念的界定，还有一个重要特征是"变"，变量的值是可变的，而且可使用的变量地址也是可变和可随意互换的，而弊端也正是这个允许随意互换的特性带来的。比如一个程序块中使用了 M2.0，另一个程序块也使用 M2.0 或者 MW2，那么这两个程序就不能兼容。分工协作时，虽然各自工作都单独完成了，但要集合在一起时就会相互干扰，无法合并。

而在"变"之外，系统中还会有一些常量，所有的 SM 都是常量。其中最常用的是 SM0.0，它是一个常 ON 的信号。而且在 SMART 中随处都会用到。比如功能块 SBR 的调用，梯形图中不可以只插入 SBR，而是前面需要串联条件，通常就是 SM0.0。这种常量的使用是不会带来任何弊端的，也就不在禁用范围内。除此之外，常用的还有 SM0.1 和 SM0.5，其中 SM0.1 是系统上电启动脉冲信号，很多算法功能中需要用到，而 SM0.5 是一个 1Hz 闪烁的信号，很多工艺程序功能中都需要用到，也不在禁用的范围内。所以它们虽然是整个程序中全局可访问的，但却是常量，而不是变量。

11.2 使用 M 做一段程序逻辑

下面来假设一个控制任务，尝试用传统的方法编程实现，然后会发现其中的弊端。符号表见表 11-1。

表 11-1　符号表

符号	地址	符号	地址
泵 1_ 手动自动	I0.0	罐 1_ 液位高	I0.4
泵 1_ 手动起动	I0.1	罐 1_ 液位低	I0.5
泵 1_ 手动停止	I0.2	泵 1_ 驱动	Q0.0
泵 1_ 故障	I0.3	泵 1_ 指示灯	Q0.1

这里假设一个水泵给一个储罐供水的系统。泵有手动自动 2 种模式，手动模式下，可以通过盘面的按钮进行起动和停止，自动模式下则根据液位开关信号，在液位低时自动起动，液位达到高点后自动停止，其逻辑见表 11-2。

表 11-2　使用 M 的程序逻辑

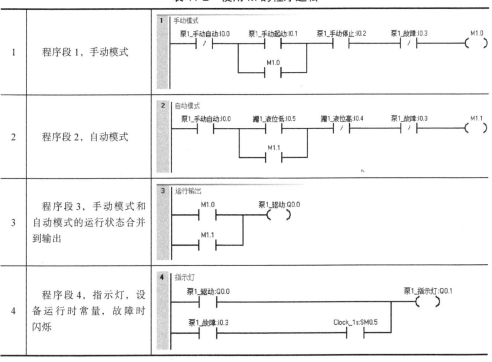

1	程序段 1，手动模式	
2	程序段 2，自动模式	
3	程序段 3，手动模式和自动模式的运行状态合并到输出	
4	程序段 4，指示灯，设备运行时常量，故障时闪烁	

这样的做法是极其常见的。现在假设从 1 台水泵扩展到 2 台水泵，采用同样的逻辑，应该怎么做？

最简单的方式是将程序块复制，并将 I/O 变量逐一替换，从泵 1 替换到泵 2，然后就会发现，不仅新增加的泵功能运行失败，连原本的泵 1 也不能正常运行了。因为程序中使用了 M，程序复制后使用相同 M 变量的地方冲突了，所以需要修改程序逻辑中对 M 的使用，比如将 M1.0/M1.1 分别替换为 M1.2/M1.3，程序逻辑即可恢复正常。

　　而如果同样的设备数量再多一些，比如 5 台、10 台甚至 20，那么这样简单地复制就会因工作量太大而令人无法承受。需要对程序逻辑模块化，以方便复制。其中的输入信号作为 SBR 的 INPUT，输出信号作为 SBR 的 OUTPUT，而使用的全局变量 M，是不可以简单使用 TEMP 变量的，需要使用 IN_OUT 引脚，在调用时从外部分配指定存储区。而此处应用的 2 个 M 变量，其具体使用的存储区位置是无人感兴趣的，要的只是存储区跨 OB1 周期的存储功能。为减少 IN_OUT 引脚数量，减轻块应用时的麻烦，在进行模块化封装之前，应先将其合并，用一个 BYTE 来作为 IN_OUT，这里使用变量名 HLP，其实只使用了 2 个 BIT，其余的 6 个 BIT 用作预留备用的空间，见表 11-3。

表 11-3　封装 SBR 程序

1	变量表	
2	程序段 1： 手动模式	
3	程序段 2： 自动模式	
4	程序段 3： 手动模式和自动模式的 运行状态合并到输出	
5	程序段 4： 指示灯，设备运行时常 量，故障时闪烁	

与前面的未封装的逻辑仔细比较，发现其异同。用 STL 实现 5 台水泵实例的调用：

1）CALL　SBR_2，泵 1_ 手动自动，泵 1_ 手动起动，泵 1_ 手动停止，泵 1_ 故障，罐 1_ 液位低，罐 1_ 液位高，VB11，泵 1_ 驱动，泵 1_ 指示灯；

2）CALL　SBR_2，泵 2_ 手动自动，泵 2_ 手动起动，泵 2_ 手动停止，泵 2_ 故障，罐 2_ 液位低，罐 2_ 液位高，VB12，泵 2_ 驱动，泵 2_ 指示灯；

3）CALL　SBR_2，泵 3_ 手动自动，泵 3_ 手动起动，泵 3_ 手动停止，泵 3_ 故障，罐 3_ 液位低，罐 3_ 液位高，VB13，泵 3_ 驱动，泵 3_ 指示灯；

4）CALL　SBR_2，泵 4_ 手动自动，泵 4_ 手动起动，泵 4_ 手动停止，泵 4_ 故障，罐 4_ 液位低，罐 4_ 液位高，VB14，泵 4_ 驱动，泵 4_ 指示灯；

5）CALL　SBR_2，泵 5_ 手动自动，泵 5_ 手动起动，泵 5_ 手动停止，泵 5_ 故障，罐 5_ 液位低，罐 5_ 液位高，VB15，泵 5_ 驱动，泵 5_ 指示灯。

可以看出程序扩展已经非常简便了，所有物理 I/O 只需要修改其符号名称即可。

比较麻烦的还是 HLP 变量的对接，这里使用了 V 区，逐个分配了字节，然而由于是随便分配的，所以虽然并不在乎它的具体地址，但仍然还需要注意数据区的使用。比如，如果另外还有若干同样性质的阀门控制，也同样使用了 V 区，那么就要当心是否会发生冲突。另外，这段程序如果要复制到其他的项目中，那么除了物理 I/O 也要与对方的实际 I/O 对接，V 区的使用也仍然不得不每次都要专门部署。其本质上还是在使用全局变量，弊端并没有彻底解决。在系统规模稍大，设备数量和类型复杂时，仍然是一件难事。

关于 V 区自动分配的问题，即如何真正实现在程序中不使用 M，不需要担心块与块之间全局变量带来干扰，以及不需要人工部署存储使用空间，这些方法论的问题会在以后的章节中实现。

11.3　[万泉河] PLC 高级编程：抛弃交叉索引

在 PLC 编程领域，有一个非常重要的概念，即交叉索引（cross reference），通过交叉索引功能，可以检索出所有变量在 PLC 程序中的应用情况。这个功能十分重要，所有的 PLC 编程软件都必须有这个功能，所有的 PLC 工程师也都要学会使用交叉索引功能。而如果是自己从头设计的程序，除了前期规划时要将变量的使用规划好之外，设计调试中更需要随时回过头检查交叉索引，以核实变量没有重复、冲突。

交叉索引的本质就是把系统的全局变量按序号，或者从小到大或者按名称字母排布，在程序的每个程序块中检索，最终形成一个索引表。因为 PLC 程序都是没有编译的解释性语言，所以即便是从 PLC 中上传的没有注释的程序也一样可以检索得到，只需要花费一点时间重新生成索引表而已。

不仅仅是 PLC 程序，在上位机软件和触摸屏程序中，也都要求有交叉索引功能，需要能检索出每个变量在画面、脚本、报警系统各处的使用情况。然而，这一切在标准化模块化的系统设计里是根本不需要的。系统所有的结构都是清晰的，数据的传递都是通过接口实现的，包括到上位机和触摸屏也是专用的接口。程序的设计者在设计程序时只需要按规范的接口来调用程序，而在调试时也只需要关注特定模块的特定逻辑和功能，根本用不到变量交叉索引。

11.4 ［万泉河］好的 PLC 程序和坏的 PLC 程序的比较标准

这些年，我一直在寻找，在思考。

首先，要找到最合理、最理想的程序范本。最终，我认为是 PCS7。使用 PCS7 高级工具生成的程序，最终落到 S7-400 PLC 中，其本质还是 PLC 程序。尽管其代码规模大，不够精简，运行效率低，但是从编程的规范来说，它一定是最合理的。

其次，从中提炼出其可度量的、好的标准。

好的程序，一定是模块化的，面向对象的，层次分明的。PCS7 显然是遵循这一点做的，但还不足以作为考量程序好坏的标准。

我最终总结认为，好的程序标准是：不使用 M 中间量和 Timer。

可能有读者说，不用 M 量那用全局数据块建立数据一样可以。也有用 DB 块自己脉冲计数，也可以绕过不使用 Timer。

那性质是一样的，特征都是全局变量。

学过高级编程语言的人都知道，高级语言中最基本的原则就是少用全局公用变量，尤其禁止在函数块与函数块内部使用 PUBLIC 变量来交互数据。

放到 PLC 环境中，说的就是 M 和 T。

那么如何避免使用 M 量和 T 呢？答案是大量使用 FB，每一个设备，单元类型，均提炼做成类库，需要的存储区使用 FB 块内部的静态变量，而定时器则使用 SFB 的定时器，背景数据来自 FB 的多重静态数据。

那么是否可以完全做到呢？PCS7 显然是做到了。而我自己做过的程序，也有做到过没有使用 1 个 M 和 1 个 T 的，CPU 中指定的系统变量不算。

11.5 ［万泉河］为什么 PLC 程序中不要用 M 和 T，为什么要推广 PLC 编程标准化

先说一个结论，前一个问题是后一个问题的基础，没解决前一个问题就不可能实现后一个问题。

搞 PLC 编程标准化，一个重要的前提是程序中不要用 M 和 T。实现逻辑的时候，不要使用全局变量的 M 和 T 作为其中的状态传递和功能实现。

M 和 T 的本质是全局变量，这是德系 PLC 中常用的代号，那么换到日系，会是 D，H 等，以及 CODESYS、AB 等纯标签编程的，就是人为定义的字符。这些全局变量都在避免的范围内。

如果程序中用了 M 和 T，那么这个程序只能用于当下的项目，当下的 PLC 模块私有，就无法重复使用到别的项目中，别的项目中哪怕功能和这个一模一样也不能直接使用，而是至少要做一些变量的冲突审查。然后 3 个 4 个……100 个项目，只要需要你重新做程序，而不是直接拿一套现成的程序直接下载就是用的项目，都需要审查和调试，千万不要遗忘。

讲一个亲身经历的故事。

某公司，一个工程师辞职了，新的工程师还没招上来，辞职的工程师曾经干过的项目已经交付运行了 1 ～ 2 年出问题了。客户反映某一部分功能不好用，自动运行时设备会乱跳。

这个项目的设备工艺，其中主要逻辑是我在 N 年前帮他们做了一个项目后的样板，后来的十几年，他们就一直使用那套样板改来改去的用，已经用在上百套设备上了。

我到了现场，了解了具体的功能，故障现象，又问了设备主管，这个功能以前有没有用过，是否好用？主管回复设备验收后一直在用其他的模式，唯独这个功能从来没用过，因为最近生产计划改变才需要用到，然而发现不能用了。

通过了解，这部分功能不是主要的功能，有可能调试时没有注意到里面的变量使用，留下了 bug。

打开程序，找到相关的程序块，顺着逻辑捋了一下，再查一下变量的交叉引用，很快就找到了一个使用冲突的 M 变量。改了一下，再让客户开机验证，立刻好了。这其中的万恶之源就是因为使用了 M 变量。直到后来我们实现了模块化标准化编程，程序中不再规范化使用 M 变量和 T 变量后，这样的故事才杜绝，再也没有发生过。

11.6 ［万泉河］给你编的 PLC 程序优化清理

那何谓给 PLC 程序做清理呢？你每天都在学习，对设备工艺、程序逻辑、编程技巧都有一些新的认知。虽然每天的编程水平和项目都不一样，但目的是提高效率，提高程序的稳定性和可靠性等。

与此同时，有必要定期地回过头审视自己以往的编程习惯中，有没有一些不好的习惯，如果有就应改掉，创造一个更清洁的环境，实现程序水平的逐渐提高。

那么问，是要我更改运行的 PLC 程序吗？当然不是！已经运行的系统，只要能正确运行，没有必要冒犯错的风险去更改。但你所有的设计工作都是有基因继承的，你的编程习惯，你每次遇到一个新项目以后的习惯性做法，这些都是需要做优化的。

2019 年我用 SMART 200 做标准化示范项目时，发现程序中有一些场合需要用垃圾变量，看到一些例子程序，甚至来自官方的例子程序都有使用全局 M 变量当垃圾变量用，想到可以由此或许可以作为给程序打分的评估标准。这样的标准绝对客观中立，所以不存在个人特色，也不存在适合个人习惯的问题。有的只是技能水平。滥用 M 的程序 1 如图 11-1 所示，滥用 M 的程序 2 如图 11-2 所示。

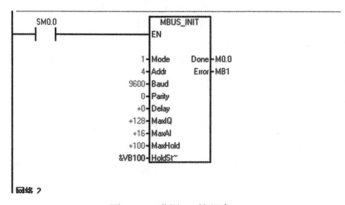

图 11-1　滥用 M 的程序 1

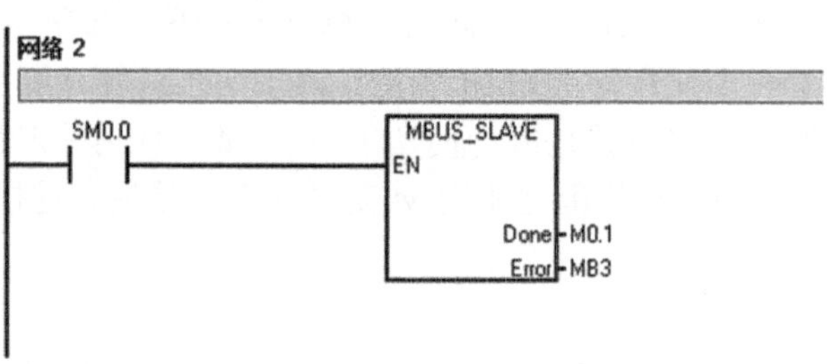

图 11-2　滥用 M 的程序 2

这两段程序是我在微信群中有人提的问题请求帮助所以就顺手保存了。功能很常见，是在 S7-200 里处理 MODBUS 通信的初始化和数据通信程序。

这里应关注的是两个程序块输出侧的 Done 和 Error 引脚，这些引脚大部分情况下是没有用处的，即我们的程序可能根本不在乎这个引脚输出的值是多少。

比如很少有人分析 Error 的值是什么，然后去具体做出逻辑判断。而我们自己编写的库函数，有时候也免不了要搞一些这样的引脚，只用于在运行调试时，监控块的运行状态。所以根本不需要将这个值送到任何目的地。

但是 S7-200 的语法机制，函数的所有引脚都不许翘空，否则就报错。这一点很多 PLC，很多程序类型都是这样。比如 STEP7（S7-300/400）和 PORTAL（S7-1200/1500）中的 FC，不许翘空。而唯一好的是 FB，大部分的引脚可以翘空不写。FB 中有一些特殊数据类型也仍然不可以翘空。

如果和上面的图一样，把宝贵的 M 变量，甚至整个 byte，word 的变量被它占用，而且还不带重复地铺开占用，那么对程序来说不仅是浪费资源，还将程序搞的太乱了。

早些年，我写的程序中，这些地方会用 L 区的 TEMP 变量，甚至会精心准备两个 DWORD 的区域专心来做垃圾变量。比如 BOOL 量的时候用 L0.1，字节和字，双字的场合用 LB1，LW2，LD4。

但也有一些问题，比如 S7-200 的函数块，INPUT 和 OUTPUT 都是同样占用 L 地址空间的。所以，TEMP 区可用的首地址还会随着函数块的引脚多少变化，预设地址的数据格式如果被定义了，而数据格式又与程序接口需要的格式不一样，也会报错。所以最好能找个大一点的地址空间，才能统一不被用到。比如从 L50.0 开始用，即 L50.0、LB51、LW52、LD54？只是设想，没这么做过。

这次，我在 S7-200 中找到了更好的公用量，即 AC0。这是个 32 位的全局寄存器，使用的规则原本就是即用即丢。其实系统中共有 4 个这样的寄存器，AC0-AC3，但如果对数据的真实值不感兴趣，可以全部只使用 AC0，好处是，在语法中，它对数据格式不敏感，管它要的是 BYTE、WORD、INT，还有DWORD、DINT、REAL，全塞给它个 AC0，搞定！

这是我做的 S7-200 SMART PLC 标准化示范项目中调用 SUB 的截图，标准调用 1 如图 11-3 所示，标准调用 2 如图 11-4 所示。

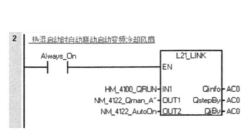

图 11-3　标准调用 1

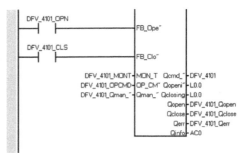

图 11-4　标准调用 2

很遗憾，AC0 不能用于 BOOL 量，我用的是 L0.0。

所以，每位读者自己来做任课老师，打开一个自己的或者别人的 PLC 程序，单纯看其垃圾坑的地方使用了什么变量，来给一个程序打个分吧（1 ~ 10）：

1，使用 M0.1，MB3，_____ 分；

2，使用 L0.1，LB3，_____ 分；

3，使用 L50.1，LB53，_____ 分；

4，使用 L0.1，AC0，_____ 分；

你会不会对自己偏心？

当然，还有一个垃圾变量使用比较多的场合，是对模拟量的线性化处理。即将 4-20mA 对应的 PIW 的 6400 ~ 32000 的数值，折算到如 0 ~ 100.0 的物理值。需要 ITD、DTR 的转换，然后加减乘除，中间 n 多次需要中间变量。我曾经见过一个程序，它每一步使用的变量都不重样，V 区数据挨着来，一个模拟量用掉了 10 来个 VD，系统总共 10 多个模拟量，它用掉了上百个 VD，将近 400 个 byte。

其实，我这篇文章的另一个目的是为 S7-200 SMART PLC 做标准化项目做铺垫。

要做标准化，首先得有基本功，应将程序编的干净。因为 S7-200 SMART PLC 的系统设计本身不是面向标准化的，所以要实现标准化，需要的改造非常多，需要自己对各种数据结构，变量的应用都非常清楚。我在开发时曾经设想，把函数库做好就可以简单分享给需要的人，他们可以不需要知道原理，拿来简单套用即可。

但当自己亲自调试的时候，发现根本不是那样的。越是高级的上层 FB，因为它们结构庞大，接口多，需要用到的技巧也越多，对每一种技巧都必须了然于心，才可以将程序调通。否则一不小心，哪里指针错了，还发现不了错误，甚至会影响已有的程序运行。

总结：越是简单的 PLC，实现标准化程序越难。而是要求的基础技能越高。

第 12 章

程序中定时器 T 的使用禁忌

在传统的 PLC 系统中，普遍存在一种特殊的全局变量，即定时器。当然还有另外一种，是计数器。但后者因为使用机会少，而且各方面都与定时器类似，且编程处理中比定时器简单，所以本书不对计数器做专门介绍，只探讨定时器。

定时器的设计初衷，对标的是一种硬件的定时器，如图 12-1 所示，是为了将硬线的继电器逻辑电路直接翻译到 PLC 的梯形图逻辑。

通常系统中定时器 T 的数量有限制，SMART 中编号为 T0 ～ T255。而且其中不同的编号还预设了不同的分辨率，如 T32 为 1ms，最大可计时 32.767s，T33 ～ T36 为 10ms，最大可计时 327s，T37 ～ T63 为 100ms，参数最大 32767 的时候代表的时间长度为 3276s 等。

图 12-1　硬件定时器

总的概念是精度高的定时器数量少，而精度低的定时器数量多。

工程应用中用到的大部分都是精度要求低的定时器，甚至许多应用场合，比如阀门的开到位时间延迟等，对时间的精度要求更低，精度即使高于 100ms 也不影响控制效果。这是绝大多数应用场合的需求，也是本书本章所要重点关心的部分。

而至于高精度的应用需求，比如 1ms 的定时精度，在具体工艺需要的时候可以根据实际情况参考本章的做法，灵活处理实现。而即便没有更好的方法，仍要沿用过去传统的非模块化的处理，也会只是程序中极少的一部分。毕竟高精度控制需求的场合少，而且 PLC 中高精度定时器的数量也少，所以不影响整体大局。

与 M 变量被视为软的中间继电器一样，通常定时器 T 也被视为软的时间继电器。然而当站在软件工程的角度来看定时器 T 时，它与 M 的性质是一样的，是一种全局变量。那么按照软件工程的原理，也同样需要有禁忌。这种全局变量的使用，同样也会严重影响程序实现模块化。

12.1　一个定时器 T 的例子

下面先用传统的方式编写一个程序，比如一套星 – 三角起动的电动机，这是工程中经常遇到的应用。大功率的电动机不能接触器直接起动，需要使用星形联结降压起动后切换到三角形联结运行，见表 12-1。

表 12-1　星 – 三角起动逻辑

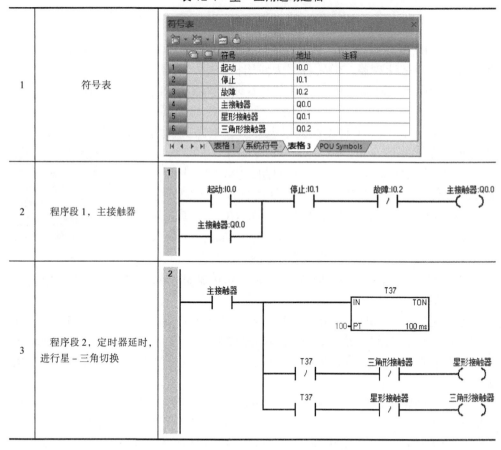

这里选用的定时器 T37 的时基是 100ms，所以前面的 PT 参数 100 代表了延时时间 10s。

上述的梯形图逻辑是最常见的传统实现方法，还要进行封装模块化，以实现重复调用。

12.2　不成功的封装

给 SBR 添加引脚，原本的 I/O 通道做到 SBR 的输入和输入变量，见表 12-2。

表 12-2　不成功的封装

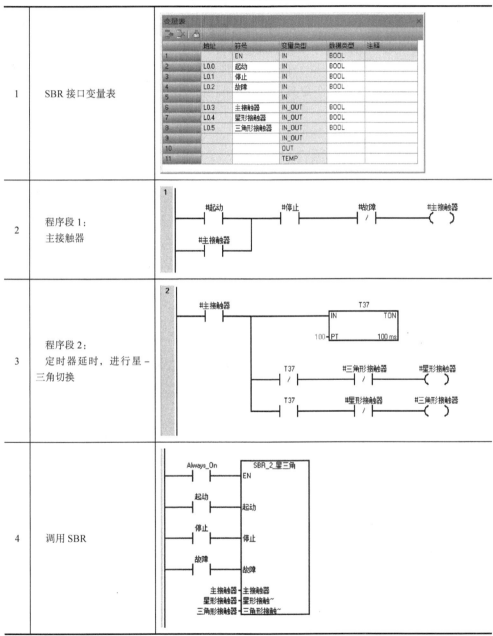

1	SBR 接口变量表	
2	程序段 1： 主接触器	
3	程序段 2： 定时器延时，进行星 – 三角切换	
4	调用 SBR	

注意看到接口中，输出的部分全都定义成了 IN_OUT，这是因为部分输出需要做起保停逻辑，起保停的本质是先对变量进行读操作，所以就统一用了 IN_OUT，本书前面章节有论及。

封装完成后，对原本的设备对象进行一次调用，程序功能可以正常运行。

然而，如果有多个实例，当对同一个 SBR 进行多次调用时，就会发现逻辑发生混乱，包括原本正常的第一个逻辑也失效了。其中的根源就在于定时器，因为 T37 是不可以被重复使用的，但在现有的系统框架下又是无解的，定时器 T 既不允许重复使用，也无法作为参数放在引脚上，所以唯一的出路是重新制作自己的定时器功能函数。

12.3 自定义定时器 TON_YT （SMW22 方法）

原理：在 CPU 中有一个统计 OB1 上一周期运行时间的特殊寄存器 SMW22，其数值为上一周期的毫秒数，如果在定时开始计算累加这个数值，并进行比较，则可以实现定时功能。

建立一个子程序 SBR：TON_YT01，这里编号 01 是因为只是开始，即便实现了功能也不够成熟，后面会逐渐丰富直到完善成熟。定时器 TON_YT 见表 12-3。

表 12-3 定时器 TON_YT

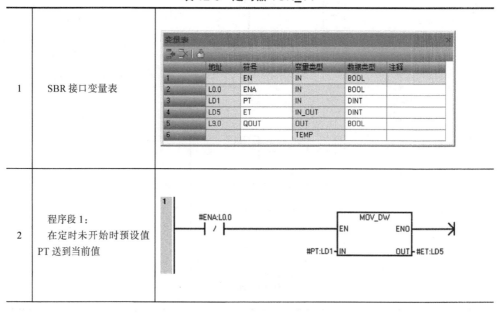

（续）

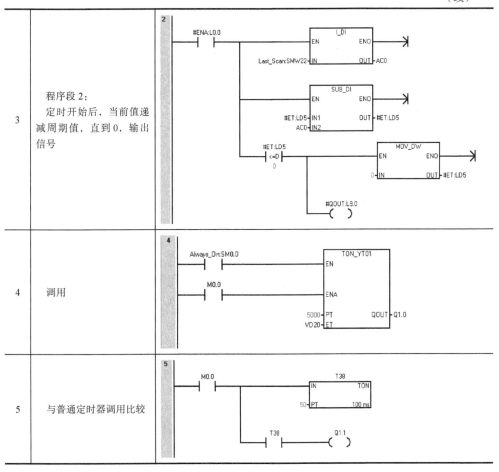

3	程序段 2： 定时开始后，当前值递减周期值，直到 0，输出信号	
4	调用	
5	与普通定时器调用比较	

解读：

1）这里使用了递减的方法，是为了将 ET 值作为计时的倒计时，将来可以在需要的场合直接使用，而递增的方法也是同样可以实现的。

2）SBR 前面必须串联 SM0.0 常 ON 调用，不可以在其 EN 前面串入条件，而将定时的触发条件输入 ENA 引脚中，这与普通定时器用法不同。

3）程序逻辑中使用了 AC 寄存器，如本书前面章节所述，如果调用定时器的控制程序中也同样使用了 AC，则逻辑中需要增加对 AC 数据的缓存与恢复。

4）设定值的单位为 ms，所以最大可计时时间为一个 DInt 的毫秒数，大约为 500h，比系统定时器 T 要提高了很多，因而可以有更大的适用范围。

5）通过与传统定时器同样调用比较，会发现自定义的定时器不够准确。其原因是测试程序通常内容太少，计时的 SMW22 不到 1～2ms，导致误差太大。比如实际的运行周期为 1.5ms，但 SMW22 的数值精度只能显示到 ms，假如每一个周期相差 0.5ms，误差为 50%，那么累积的误差也会是 50%。然而这其实只限于测试程序，对于真正的工程应用，OB1 周期到 20 ～ 30ms 之后，定时精度就自然精确了。当然测试时也可以人为在测试程序中增加 FOR 循环，比如 1 万次，人为增大 OB1 周期，就会发现定时精度提高了。

6）这种实现方法的优点在于简单通用，比如换一个 PLC 品牌，需要做自定义定时器时，通常其系统也会提供 OB1 周期的参数，那么抄用现有逻辑，就可以实现移植。

12.4 　成功的封装

用自定义的定时器替代星 – 三角起动子程序中的定时器 T37，实现模块化封装，见表 12-4。

表 12-4　改造不成功封装的 SBR

1	接口变量表 IN_OUT 中增加了 SAV 变量，数据类型 DINT，用于记忆运行数据，也增加了 TEMP 变量，在程序逻辑中使用
2	程序段 1：主接触器未修改
3	程序段 2：定时器调用，延时

（续）

4	程序段 3，延时进行 星 – 三角切换	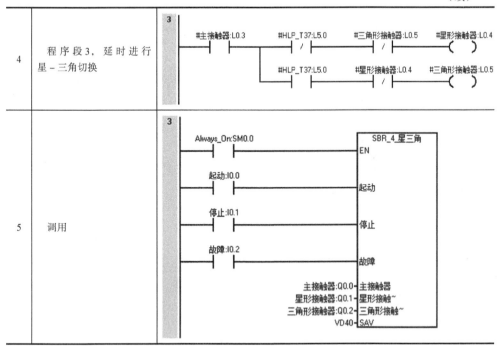
5	调用	

与前面不成功的封装相比，新封装的 SBR 的 IN_OVT 引脚增加使用了一个双字数据 V 区，但程序块可以重复使用。与第 11 章中实现 M 替换的方式相同，都同样需要占用 V 区，而且互相之间也不可以冲突，然而程序的调用者并不在意具体分配的 V 区地址。后面章节会讲到自动分配 V 区的方法，以简化调用过程。

12.5　自定义定时器 TON_YT　（时间间隔定时器方法）

实现自定义定时器的方法非常多，各有优缺点。通常最直接的方法是数脉冲数，比如数 1Hz 的 SM0.5，通过累加递增，其结果便是经历过的秒数。然而其缺点有两个，一是精度太低，只到秒；二是不能直接对脉冲累加计数，而是需要产生上升沿后只计数边沿脉冲的数量，所以会在后续关于上升沿的章节提及数脉冲的方法。

本节介绍的方法是使用时间间隔定时器的方法。

时间间隔定时器是 SMART 系统中所提供的一对功能函数，可以无限制重复调用，如图 12-2 所示。

使用时间间隔定时器实现定时器 TON 功能的原理是，在开始计时时记录下一个时间戳的数值，而在定时器运行时，则通过调用后一个函数随时比较得到差值。那么当差值超过预设值时，即为定时器时间到。

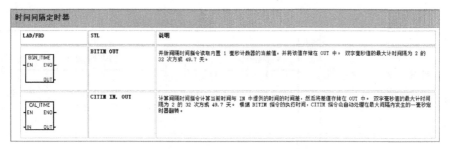

图 12-2　时间间隔定时器

当然，如果使用读取系统时钟功能，则也可以实现同样的结果，只不过这里的数值计算复杂许多。

将前面的 SBR：TON_YT01 另存一个版本 TON_YT02，并在其基础上进行修改，见表 12-5。

表 12-5　SBR：TON_YT02

1	保持接口变量表不变化	变量表 |	地址	符号	变量类型	数据类型	注释
---	---	---	---	---	---
1		EN	IN	BOOL	
2	L0.0	ENA	IN	BOOL	
3	LD1	PT	IN	DINT	
4	LD5	ET	IN_OUT	DINT	
5	L9.0	QOUT	OUT	BOOL	
6			TEMP			
2	程序段 1：在定时未开始时给当前值赋值一个负值，比如 -2	1 #ENA:L0.0 —/—　　　MOV_DW EN　ENO -2 — IN　OUT — #ET:LD5
3	程序段 2：定时开始后，在 ET 值为负值时运行 1 次 BGN_ITIME，运行后条件不再满足，然后持续运行 CAL_ITIME，得到差值； 判断差值大于设定值时，则定时器时间到	2 #ENA:L0.0 —| |— #ET:LD5 <D +0　　　BGN_ITIME EN　ENO OUT — #ET:LD5 CAL_ITIME EN　ENO #ET:LD5 — IN　OUT — AC0 AC0 >=D #PT:LD1　　#QOUT:L9.0 —( ) MOV_DW EN　ENO 0 — IN　OUT — #ET:LD5

（续）

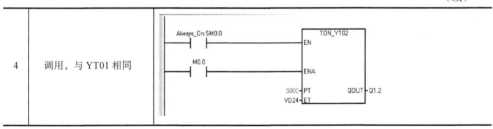

| 4 | 调用，与 YT01 相同 | |

调用运行后，得到了与 YT01 结果相同的定时器效果，可以用于上述定时器的直接替换。然而与 YT01 不同之处在于这里的 ET 值不具备倒计时作用了，如果要用到，还需要另外增加一个 OUT 引脚并计算得到数值。

12.6　自定义延时关断定时器 TOF_YT

在 PLC 的定时器指令中除了 TON 之外，还有 TOF 和 TONR 等。然而其实这些定时器都是互相通用的，即另外的定时器指令都可以在 TON 基础上进行逻辑运算并得到同样的结果。所以即便没有提前制作相应的功能函数，通过增加一点程序逻辑也仍然可以实现。

当然，也可以封装制作自定义的定时器 TOF，然而就不再需要本章前面所述的类似的方法了，而是在已有的 SBR：TON_YT 基础上加以封装改造，即可实现，见表 12-6。

表 12-6　延时关断定时器 TOF_YT

1	接口变量表	变量表
		地址　　符号　　变量类型　　数据类型　　注释
		1　　　　　EN　　　IN　　　BOOL
		2　L0.0　ENA　　IN　　　BOOL
		3　LD1　PT　　　IN　　　DINT
		4　LD5　ET　　　IN_OUT　DINT
		5　L9.0　QOUT　OUT　　BOOL
		6　　　　　　　　　TEMP

2	程序段 1：TOF_YT 中调用 TON_YT	1
		Always_On:SM0.0 ──┤├── EN
		#ENA:L0.0 ──┤/├── ENA　　TON_YT02
		#PT:LD1─PT　　QOUT─L10.0
		#ET:LD5─ET

（续）

3	程序段 2：逻辑取反，得到 TOF 的状态	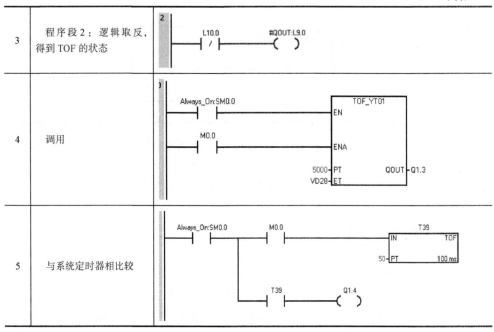
4	调用	
5	与系统定时器相比较	

通过调用 TON_YT，实现了 TOF 的功能，与系统定时器比较功能一致。

12.7 自定义定时器 TONR_YT

定时器 TONR 的功能是累积前面触发引脚的高电平时间，累积时间到后输出。由于低电平时不会复位计时，所以需要单独的 R 指令来复位，见表 12-7。

表 12-7　自定义定时器 TONR_YT

1	接口变量表	
2	程序段 1：置位中间状态位	

（续）

3	程序段2：复位中间状态位	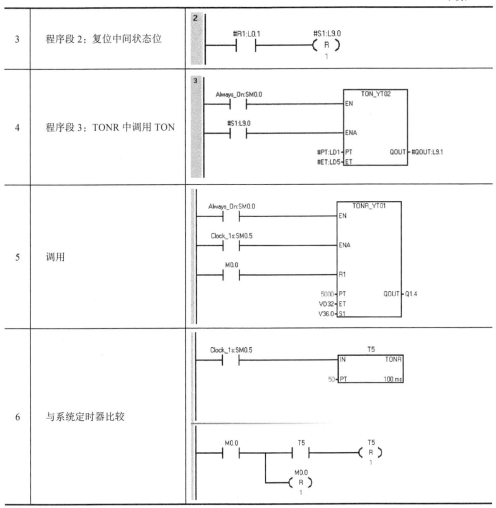
4	程序段3：TONR 中调用 TON	
5	调用	
6	与系统定时器比较	

　　测试程序中输入信号使用了 1Hz 脉冲 SM0.5，通过计时累积到 5s 后，触发输出，M0.0 为 ON 可以复位定时，比较后发现得到了一致的运行效果。

　　TONR 的本质是在 TON 前面多了一步 SR，而且也需要额外增加一个记忆变量，所以实现起来稍显麻烦。同时实际的工程应用中用到 TONR 的机会也很少，所以其实是没有必要专门做一个功能块的，需要的时候调用逻辑中搭一下实现也完全可以。这里只是功能性的演示，读者可以从中掌握各种扩展和使用的方法。

　　读者可能也会发现，演示程序中使用的 V 区地址都应尽量与前面的演示程序不发生冲突。然而这里又增加了 BOOL 量，便已经开始混乱了，需要自动分配 V 区的功能。

第 13 章

程序中上升沿的使用禁忌

所谓上升沿，就是一个信号在从低电平到高电平跳变时，产生一个 OB1 周期的短脉冲，可以用于实现一些控制功能。下降沿则正好相反，为从高到低的跳变时。然而两者因为极其相似，下降沿也可以把一个输入信号取反后取其上升沿得到，所以后文全部都以上升沿代表上升沿和下降沿的所有功能需求。

SMART 虽然与 S7-300/400 以及 S7-1200/1500 同为西门子的产品，但上升沿指令使用有很大的不同，后者的 PN 指令中，需要额外指定一个中间缓存变量。而在 SMART 中就很简单，一个 P 指令即可，如图 13-1 所示。

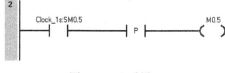

图 13-1 上升沿 P

这种貌似的简单，在模块化应用中却带来了大问题，本章将逐渐发现其中的禁忌，并逐步加以解决。

13.1 一个传统用法的例子

假设一个对 1Hz 脉冲累加计数的功能，将来可以比较数值实现延时功能，如图 13-2 所示。

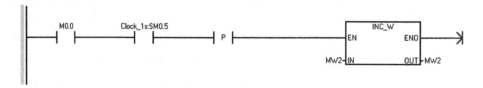

图 13-2 实现延时功能

当 M0.0 为 1 时，随着脉冲闪烁，累加计数开始，MW2 逐渐递增。这里因为是测试程序，使用了 M 变量，而下一步要实现封装，使用 SBR 的接口参数替代对 M 变量的使用。这从另一方面演示了 M 变量的用处，即在用作测试程序功能时。

13.2　不成功的封装

给 SBR 添加引脚，原本的 I/O 通道用作 SBR 的输入和输入变量，见表 13-1。

表 13-1　不成功的封装

在调用 1 次的时候，功能也许还算正常，但当调用 2 次以后会发现就不正常了，后一次的调用计数值完全不累加。而第 1 次调用的执行结果也受到干扰，运行结果受第 2 次的启动条件影响。M0.1 为 0 时 MW2 数值飞快增加，而为 1 时则每秒增加（计数正常）。这里的逻辑混乱都是因为在重复调用的 SBR 中使用了上升沿指令。

13.3　改进的封装

回到上升沿的定义，信号的状态从 0 到 1 跳变，所以只需要记忆信号在上一周期时的状态，如果判断其上一周期为 0 而当下值为 1，则为上升沿。因而可以增加一个记忆位通过逻辑来实现上升沿功能，见表 13-2。

表 13-2　改进成功的封装

1	接口变量表，增加了 SAV	
2	程序段 1：逻辑条件	
3	程序段 2：比较上升沿计数累加，并进行状态记忆	
4	调用 1 次	

（续）

5	调用 2 次，功能均可以正常运行	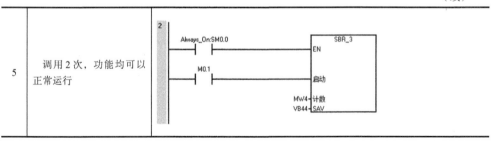

接口中定义了一个 BYTE 作为数据区，而程序中只用到了其中的第 1 位 L3.0，其余的作为备用，使用 BYTE 只为了方便将来统计字节数。

因为多次调用需要分配不同的数据区，所以调用之间不再有干扰，分别可以正常运行。

13.4 上升沿功能模块化

上升沿的功能非常简单，只要用到，都可以直接用逻辑搭建出来，也只需要消耗一个位来作为存储记忆。但为了方便起见，仍然可以建立专门的自定义功能模块。建立子程序 SBR：P_TRIG，见表 13-3。

表 13-3　子程序 SBR：P_TRIG

1	接口变量表	变量表

	地址	符号	变量类型	数据类型	注释
1		EN	IN	BOOL	
2	L0.0	SG	IN	BOOL	
3	LB1	SAV	IN_OUT	BYTE	
4	L2.0	TRIG	OUT	BOOL	
5			TEMP		

2	程序逻辑	

（续）

3	调用	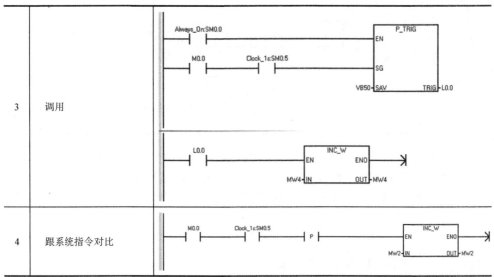
4	跟系统指令对比	

对比实现了同样的功能。

13.5　计数功能使用上升沿模块

改进的封装块再次改进，使用 P_TRIG 子程序进行计数，见表 13-4。

表 13-4　接口变量表

1	接口变量表：SAV 不变	
2	程序段 1：调用 P_TRIG	

（续）

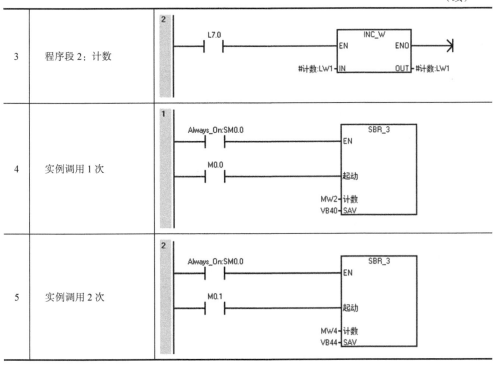

3	程序段 2：计数	
4	实例调用 1 次	
5	实例调用 2 次	

与前面的封装运行结果完全相同，逻辑的复杂程度也大致相当。至此，完成了全局变量 M 和 T 以及上升沿的使用禁忌分析，并分别给出了实现封装的可行性方案。后续会发现在 PLC 编程模块化的过程中，存在的障碍其实也仅仅局限于 M、T 和上升沿这 3 条。所有的问题都集中在这些封装块实例化时，即在每一次调用时均需要人工指定 V 区存储空间，而这些 V 区的具体地址对程序又毫无意义。所以只需要实现对 V 区地址的自动分配，即可以在 SMART 中彻底实现类似 FB 的功能，在下一章讲解。

第 14 章

给 SMART 插上 FB 翅膀

总结一下前面 3 章中提出的 M、T 和上升沿的替代方案，所需要的存储区用量见表 14-1。

表 14-1　存储区用量统计

名称	存储区	备注
全局变量 M	1 BYTE	取决于逻辑复杂程度
定时器 TON	4 BYTE	—
上升沿 P_TRIG	1 BYTE	用 1BIT 余 7BIT

为便于统计和分配，所有存储区需求以 BYTE 计算。只需要 1 个 BIT 时，则按 1BYTE 计，这会产生一点存储区浪费，但可以暂时忽略不计，后面在封装各种设备功能块时，也可以按照这样的原则。

14.1　实现原理

能够实现自动给每一个模块的每一个实例分配相互不冲突的数据存储区的原理是：在不涉及中断调用的情况下，只有 OB1 的程序，每个周期的执行过程中，每一个 SBR 包括多层嵌套调用的 SBR，相互之间的先后顺序是固定的，那么就可以从 OB1 开始给它们逐个分派指定存储区，直到 OB1 结束。然后在下一个 OB1 循环时，再次从头开始分派。由于位置和数量固定，所以同一个实例每次得到的数据区的位置也会是固定不变的。那么程序逻辑中的计算结果在上一个周期存储其中，到下一个周期再读取使用时，就可以准确定位读取到，且数据值不会丢失。

因而对 SBR 的调用有严格要求，每一个实现 FB 功能的 SBR 实例必须常调用，而不可以有条件地调用和不调用。不可以被跳转越过，也不可以在不确定循环次数的循环中被调用，以保证分到得数据区地址和范围稳定不变。

　　上述的要求明确之后，就可以设计功能实现。具体的方法不限于一种，这里给出作者的一种解决方法。

　　首先约定一个起始地址，通常可以根据项目的规模设备的数量以及 CPU 的容量，选择较大的数据区。比如 ST40 可以选择从 VB10000 开始，同时地址指针也存放在 VD10000 中。

　　那么每一个 SBR 开始时使用指针内的地址进行数据读写缓存，而 SBR 结束时则根据本程序的数据使用量，相加计算得到下一个 SBR 的指针地址。到下一个 SBR 调用时，重复这样的过程。但其实由于存在 SBR 的嵌套调用，所以计算指针地址的过程不会真的在 SBR 结束，而是应该在合适的位置。同时在 OB1 的最开始处，需要对指针地址初始化。

　　为了让读者可以更直观地了解其中的原理，现在假设有一批 SBR，各自的数据量需求见表 14-2。并假设一个调用框架，然后分别计算每一个 SBR 得到的指针地址，其中 SBR0 为执行初始化，预留了 20BYTE，见表 14-3。

表 14-2　SBR 需要的数据区

SBR 子程序	数据量
SBR0 初始化	20BYTE
SBR1	8BYTE
SBR2	4BYTE
SBR3	2BYTE
SBR4	1BYTE

表 14-3　数据区分配

嵌套深度	1	2	3	4	数据区首地址
OB1					
	SBR0				VB10000
	SBR1				VB10020
		SBR2			VB10028
			SBR3		VB10032
				SBR4	VB10034
				SBR4	VB10035
			SBR3		VB10036
				SBR4	VB10038
				SBR4	VB10039

（续）

嵌套深度	1	2	3	4	数据区首地址
		SBR2			VB10040
			SBR3		VB10044
				SBR4	VB10046
				SBR4	VB10047
			SBR3		VB10048
				SBR4	VB10050
				SBR4	VB10051
		SBR2			VB10052
			SBR3		VB10056
				SBR4	VB10058
				SBR4	VB10059
			SBR3		VB10060
				SBR4	VB10062
				SBR4	VB10063
	SBR1				VB10064
		SBR2			VB10072
			SBR3		VB10076
				SBR4	VB10078
				SBR4	VB10079
			SBR3		VB10080
				SBR4	VB10082
				SBR4	VB10083
		SBR2			VB10084
			SBR3		VB10088
				SBR4	VB10090
				SBR4	VB10091
			SBR3		VB10092
				SBR4	VB10094
				SBR4	VB10095

（续）

嵌套深度	1	2	3	4	数据区首地址
		SBR2			VB10096
			SBR3		VB10100
				SBR4	VB10102
				SBR4	VB10103
			SBR3		VB10104
				SBR4	VB10106
				SBR4	VB10107

　　这里的数据分配只是演示，在正常子程序功能调试完备运行正常的情况下完全可以不需要知道每一个 SBR 的实例分配得到的地址。但如果在调试过程中需要，则可以随时在程序中将指针指向的地址的数据读出，以进行数据监控诊断。

14.2　功能块：静态数据保存和恢复

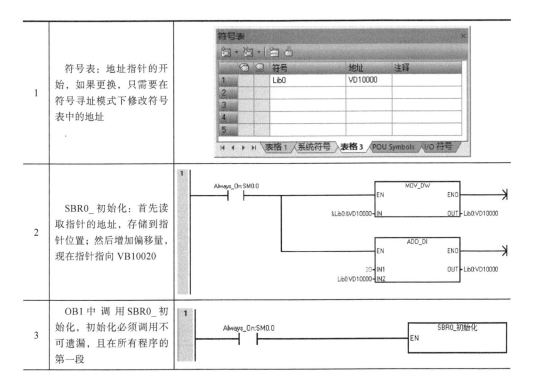

1	符号表：地址指针的开始，如果更换，只需要在符号寻址模式下修改符号表中的地址	
2	SBR0_初始化：首先读取指针的地址，存储到指针位置；然后增加偏移量，现在指针指向 VB10020	
3	OB1 中调用 SBR0_初始化，初始化必须调用不可遗漏，且在所有程序的第一段	

（续）

4	建立 FC_静态数据保存和恢复，变量表：见图	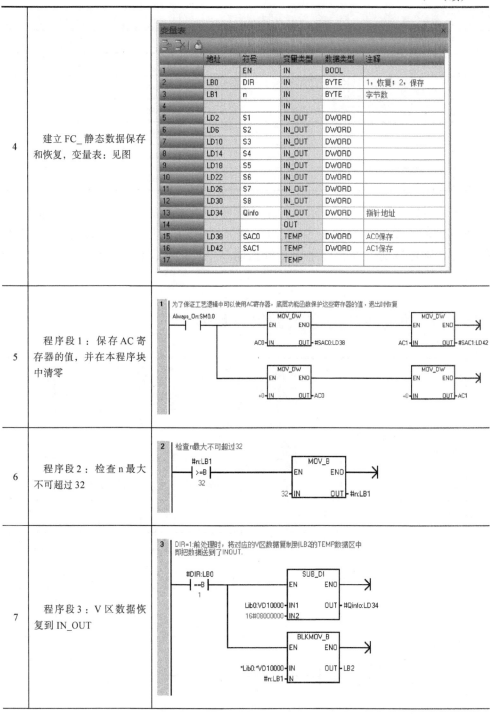
5	程序段1：保存 AC 寄存器的值，并在本程序块中清零	
6	程序段2：检查 n 最大不可超过 32	
7	程序段3：V 区数据恢复到 IN_OUT	

（续）

8	程序段 4：为下一个设备计算指针地址	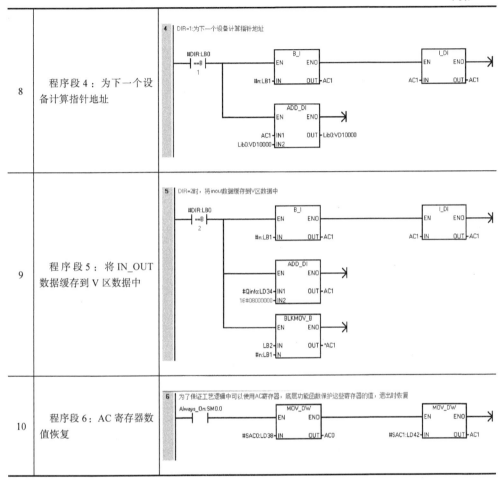
9	程序段 5：将 IN_OUT 数据缓存到 V 区数据中	
10	程序段 6：AC 寄存器数值恢复	

说明：

1）DIR 引脚数值可以为 1 或者 2，分别对应了前处理的数据恢复和后处理的数据保存，所以程序块总是配对调用，引脚相同，只是数据处理方向不同。

2）最多设计 8 个 IN_OUT 可以进行数据存储，所以最多可以一次性指定 32BYTE 的数据存储。

3）因为属于比较底层的块，所以对 AC 寄存器原值做了存储保护。

4）计算下一台设备指针的逻辑放在了 DIR=1 前处理中，这样即便本程序块尚未执行完成，只执行了前处理还未进行后处理，也仍然可以执行下一台设备的逻辑，即可以实现不同类型的 FB 设备的嵌套调用。

14.3　应用测试 1：再封装秒计数

通过改进前章节的秒计数功能，验证功能的可用性。将原 SBR 复制备份并改名为"SBR_秒计数 0"，然后"SBR_秒计数"中删除原来所有程序逻辑，并对 SBR 接口略加修改，见表 14-4。

表 14-4　再封装秒计数

1	原接口变量表见图	
2	接口变量表修改后：原来的计数和 SAV 从 IN_OUT 移至 TEMP，并增加了专用的 OUT：计数输出和 Qinfo	
3	程序段 1：前处理，数据区数量 n=3，地址 LD7，即变量表中的计数和 SAV，而"占位 1"并不参与保存和恢复	

（续）

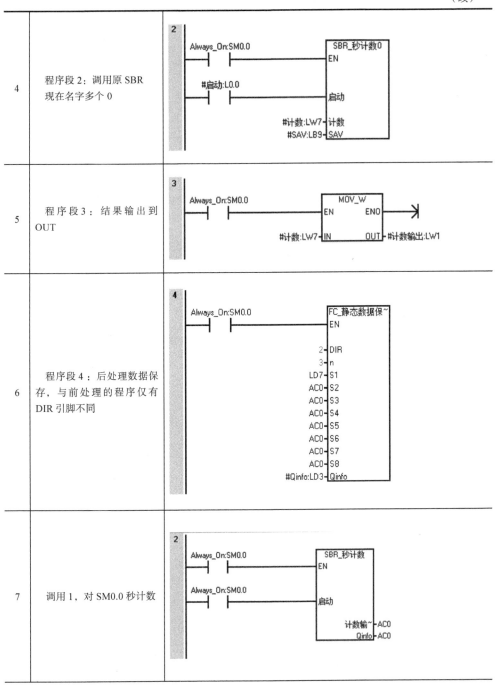

4	程序段 2：调用原 SBR 现在名字多个 0	
5	程序段 3：结果输出到 OUT	
6	程序段 4：后处理数据保存，与前处理的程序仅有 DIR 引脚不同	
7	调用 1，对 SM0.0 秒计数	

（续）

8	调用 2：对 SM0.4 秒计数	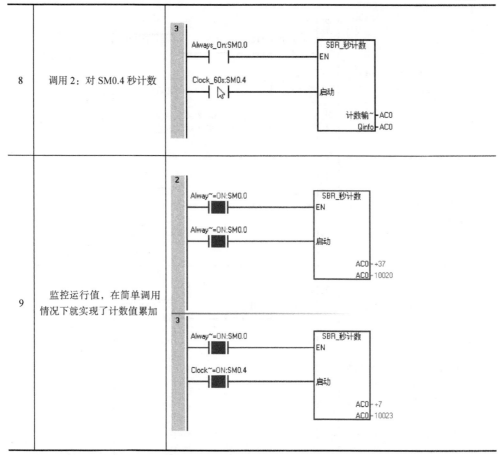
9	监控运行值，在简单调用情况下就实现了计数值累加	

程序块的 OUT 接口中增加的 Qinfo 引脚可以实时监控到每一个实例所分配的指针，即相当于每一个 FB 的静态变量数据。在调试过程中如果对 FB 的逻辑不太确定，则可以打开监控表添加相应位置的 V 区数据进行监控。

但是要注意，这个地址分配只是在程序相对位置未修改时才固定。如果在其前面更接近初始化的位置添加了其他程序调用，那么这些地址也必然变动。

Qinfo 引脚的功能还不只是用于监控地址，除了监控功能外，其在前处理时得到了本实例的静态数据地址，在后处理时送给了后处理程序用作地址定位。其实是借助了临时变量 TEMP 数据的堆栈功能，数据值不丢失，所以即便不监控，每一个 FB 中也仍然需要这样一个 DWORD 的临时变量来存储地址指针。

14.4　应用测试 2：秒计数 FB

14.3 节的方法是在原有程序块功能基础上在外层又做了一次封装，原逻辑完全未动。本节将尝试直接修改功能块，以适应新的 FB 的翅膀。SBR_ 秒计数接口修改到与之前相同，加入前处理和后处理，并对原逻辑中变量地址发生了错位的地方进行修改，见表 14-5。

表 14-5　秒计数 FB

1	变量表	
2	程序段 1：前处理	
3	程序段 2：原程序段 1，逻辑条件	
4	程序段 3：原程序段 2，比较上升沿计数累加，并进行状态记忆	

（续）

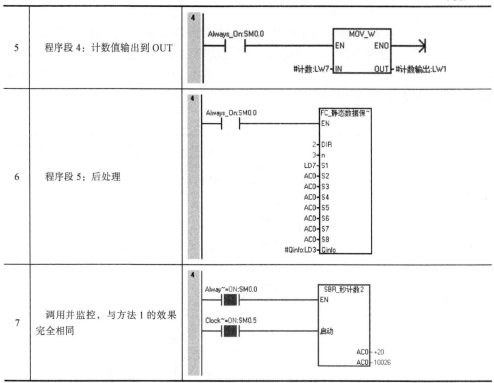

5	程序段 4：计数值输出到 OUT	
6	程序段 5：后处理	
7	调用并监控，与方法 1 的效果完全相同	

本节和 14.3 节对同一计数功能用两种方法实现，方法 1 和方法 2 的运行效果完全相同，可以作为编写程序逻辑的两种对等相同的方法，只是适用的场景不同。

方法 1：适用于之前已经有完整成熟的库，只不过存储数据使用 IN_OUT 引脚的实参来实现，可以再封装套一层后彻底实现 FB 功能，如本书前面章节所举例实现的功能。缺点在于在程序中遗留了旧方法实现的程序块，消耗 1 个 SBR 编号资源的同时，也显得程序不够整洁。

方法 2：更适用于完全新设计的 FB，只需要加上前处理后处理程序段，指定需要缓存记忆的数据变量名，即可以把它们当作静态变量使用。需要注意的是，功能块接口变量格式是 DWORD，而如果需要记忆的是其他格式的数据，则需要格式转换或者绝对地址寻址，如演示程序所示。

对于已有程序块，当然也可以直接修改其逻辑即采用方法 2，但需要重新调试验证。在程序逻辑变动比较大的情况下，变量的绝对地址会发生较大的变化，需要逐句仔细检查。

本书之后的举例凡是在已有程序块上加装 FB 功能，都用方法 1 来实现。

14.5　定时器 FB：TON_YT

在前面章节的 TON_YT01 或者 TON_YT02 基础上封装为 FB，见表 14-6。

表 14-6　FB：TON_YT

1	变量表：ET 移到了 OUT	
2	程序段 1：前处理	
3	程序段 2：调用原 SBR 功能	
4	程序段 3：后处理	

（续）

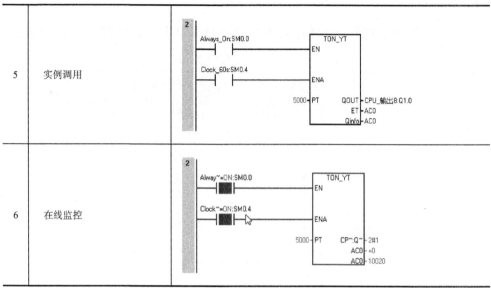

| 5 | 实例调用 | |
| 6 | 在线监控 | |

在线监控后，功能运行正常。然而发现这里分配的静态变量地址也为10020，是因为故意把前面实例的程序段删掉了。即使恢复，也互相不影响运行结果。

14.6 上升沿 FB：P_TRIG_YT

在前面章节的 P_TRIG_YT 基础上封装为 FB，见表 14-7。

表 14-7 FB：P_TRIG_YT

| 1 | 变量表：SAV 从 IN_OUT 移到了 TEMP | |

	地址	符号	变量类型	数据类型	注释
1		EN	IN	BOOL	
2	L0.0	SG	IN	BOOL	
3			IN_OUT		
4	L0.1	TRIG	OUT	BOOL	
5	LD1	Qinfo	OUT	DWORD	
6	LB5	SAV	TEMP	BYTE	
7			TEMP		

（续）

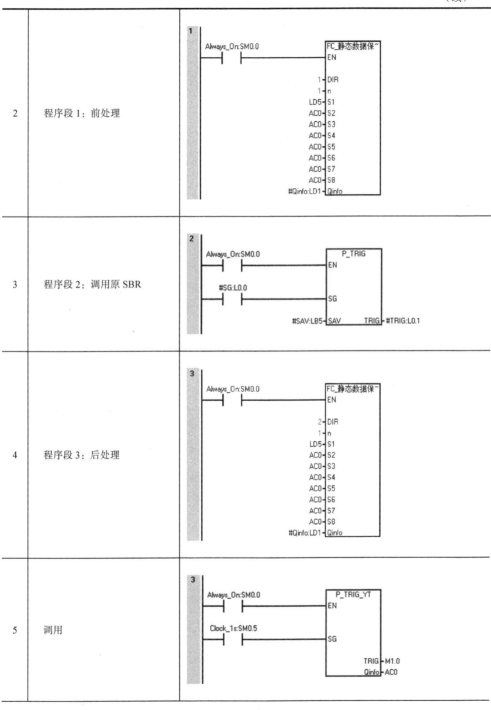

2	程序段 1：前处理
3	程序段 2：调用原 SBR
4	程序段 3：后处理
5	调用

（续）

6	增加计数功能以在线监控功能 运行正常	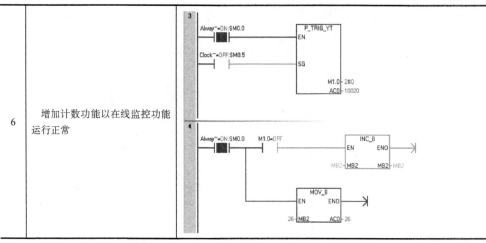

通过累加计数，可以检测到功能运行正常。

上升沿 FB 的另一功能是可以用于检查另外的 FB 功能是否正常，有没有因为程序使用不当而导致的数据区混乱和泄露。比如 Block_MOV 指令，操作数过大，超出了 FB 静态变量的范围。

在一个新调试的 FB 前后均增加上升沿 FB 的调用，然后计数，如果数据区有泄露，则会导致上升沿 FB 运行不正常，累加数值乱跳。证明新调试的 FB 功能异常数据区有泄漏。

14.7　FB 嵌套应用

下面尝试用本章开始提到过的秒计数的方法做一个 TON 定时器，逻辑中需要有上升沿，则嵌套应用新做的 FB：PTRIG_YT。新建 FB：TON_YT03，接口与正常的 TON 相同，见表 14-8。

表 14-8　FB：TON_YT03

1	变量表	变量表

	地址	符号	变量类型	数据类型	注释
1		EN	IN	BOOL	
2	L0.0	ENA	IN	BOOL	
3	LD1	PT	IN	DINT	
4			IN_OUT		
5	L5.0	QOUT	OUT	BOOL	
6	LD6	ET	OUT	DINT	
7	LD10	Qinfo	OUT	DWORD	
8	L14.0	HLP1	TEMP	BOOL	
9	LD15	计数	TEMP	DWORD	
10			TEMP		

（续）

2	程序段 1：前处理	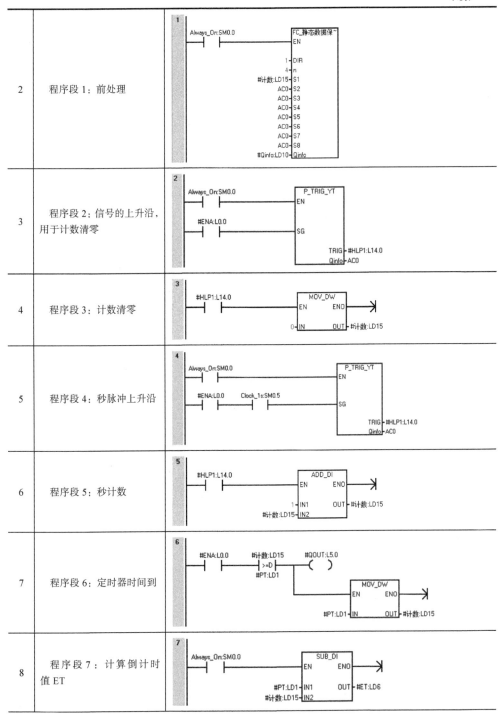
3	程序段 2：信号的上升沿，用于计数清零	
4	程序段 3：计数清零	
5	程序段 4：秒脉冲上升沿	
6	程序段 5：秒计数	
7	程序段 6：定时器时间到	
8	程序段 7：计算倒计时值 ET	

（续）

9	程序段 8：后处理	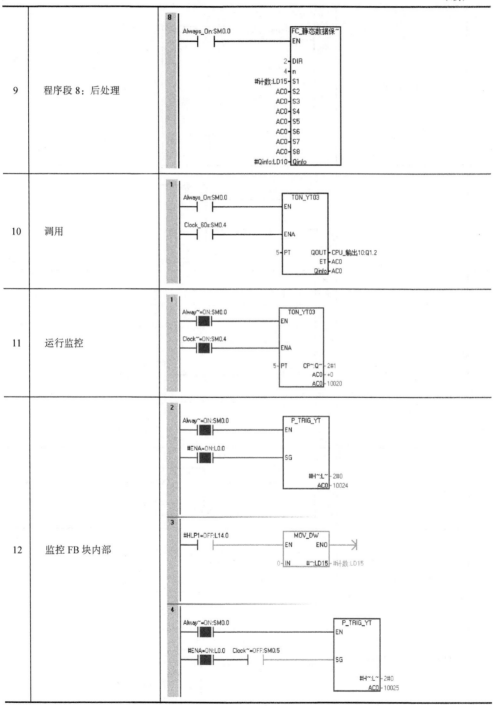
10	调用	
11	运行监控	
12	监控 FB 块内部	

运行中监控正常，而比较各自得到的存储数据地址，最外层的 FB 本体得到了 10020，内部的 2 次 P_TRIG 调用分别得到了 10024 和 10025，与前面的理论分析结果一致。

数秒计数方法的定时器 YT03 与前面的定时器 YT01 和 YT02 相比，其实并没有优势，一方面定时精度较低，只到秒级，另一方面还需要消耗更多的静态变量数据区，所以这里只是用来演示 FB 的编程方法。

结论：在多重嵌套调用时，SMART 中实现的 FB 功能与 S7-1500 PLC 等需要建立多重背景不同，调用方只需要管理自己产生的需要存储的数据。而对所调用的子 FB 不需要做任何处理，使用更加方便。

在实际应用中，假如要为标准化架构开发专用的设备模块，如电机，阀门等时会发现，这些设备中原本需要静态变量存储的数据，绝大部分来自延时或者上升沿等逻辑。而当定时器和上升沿等 FB 都自带静态变量功能后，有的设备模块程序甚至不需要做静态变量数据的缓存，程序的架构得到了极大的简化。

至此，通过一整本书的讲述，我们成功地为 SMART 插上了 FB 的翅膀，有了这双翅膀助力，SMART 将飞得更高、更远。

本书读者可以加作者微信 ZHO6371995，将邀请加入读者群，与众多读者共同交流、提高。

第 15 章

结束语：SMART PLC 标准化展望

PLC 标准化编程的基本原理是面向对象的编程方法，面向对象的基础是类，将系统中的每一个对象作为类，再依靠 FB 来实现。

这个功能 SMART PLC 系统本身不提供，只有靠自己动手来实现。本书从 SMART PLC 的底层原理入手，逐步分析、扩展功能，最终在 SMART 中实现了 FB 的功能。在此基础上，便可以大展身手，开始标准化的架构了。

SMART PLC 是一款小型 PLC，要想在其中实现标准化模块化程序设计，需要掌握两部分技能，首先是本书所讲述的实现 FB 的功能，其次才是标准化原理的应用。

关于 PLC 中标准化的原理方法，作者有专著《PLC 标准化编程原理与方法》已经出版，那本书虽然是基于 S7-1500 PLC 的，但原理是通用的。读者在掌握了此书的内容方法之后，可以尝试自己动手在 SMART PLC 中实现。

由于篇幅的限制，本书中对标准化的部分极少提及。未来视读者需求情况，会考虑是否再出一本专门讲述 SMART PLC 的标准化烟台方法的专著。而读者即便不能够全部掌握标准化的编程方法，仅仅阅读本书，了解其中所推荐的技能方法，想必也会有所收获，使得工作效率有所提升。

除了西门子 SMART PLC 之外的其他一些小型 PLC，即使没有 FB 功能，也完全可以参考本书的思想和理论方法，同样实现 FB 功能，有兴趣的读者可以自行测试验证实现。